| 现代通信网络技术丛书 |

MULTI-ACCESS EDGE COMPUTING IN ACTION

多接入边缘计算实战

[意] 达里奥·萨贝拉
(Dario Sabella)
[美] 亚历克斯·列兹尼克
(Alex Reznik)
[德] 鲁伊·弗拉赞
(Rui Frazao)
著

李楠 张丹 译

U0363155

机械工业出版社
China Machine Press

图书在版编目（CIP）数据

多接入边缘计算实战 /（意）达里奥·萨贝拉（Dario Sabella），（美）亚历克斯·列兹尼克（Alex Reznik），（德）鲁伊·弗拉赞（Rui Frazao）著；李楠，张丹译 .-- 北京：机械工业出版社，2021.11
（现代通信网络技术丛书）
书名原文：Multi-Access Edge Computing in Action
ISBN 978-7-111-69521-9

I.①多… II.①达… ②亚… ③鲁… ④李… ⑤张… III.①移动无线通信 - 计算
IV.① TN924

中国版本图书馆 CIP 数据核字（2021）第 229402 号

本书版权登记号：图字 01-2020-7577

多接入边缘计算实战

出版发行：机械工业出版社（北京市西城区百万庄大街 22 号　邮政编码：100037）

责任编辑：王春华　刘　锋　　　　　　　　　责任校对：马荣敏
印　　刷：三河市东方印刷有限公司　　　　　版　　次：2022 年 1 月第 1 版第 1 次印刷
开　　本：186mm×240mm　1/16　　　　　　印　　张：12
书　　号：ISBN 978-7-111-69521-9　　　　　定　　价：89.00 元

客服电话：（010）88361066　88379833　68326294　　　投稿热线：（010）88379604
华章网站：www.hzbook.com　　　　　　　　　　　　　　读者信箱：hzjsj@hzbook.com

版权所有·侵权必究
封底无防伪标均为盗版
本书法律顾问：北京大成律师事务所　韩光 / 邹晓东

译 者 序

作为 5G 的技术利器之一，多接入边缘计算（MEC）发展前景广阔，其基本思想是将云计算平台从移动核心网络内部迁移到接入网边缘，从而实现超低延迟和超高带宽，减少移动业务交付的端到端延迟，实现计算及存储资源的弹性利用，提升用户体验。而更重要的是，MEC 提供了云和网的融合协作平台，新的生态系统和价值链也应运而生，并将对技术及商业生态带来新一轮的变革与颠覆。

目前国内外通信设备厂商纷纷在 MEC 领域积极布局，国内运营商已发布 MEC 商用网络，并积极携手发展 5G+MEC 生态。可以想象，随着 5G 泛智能时代的到来，MEC 将在未来更多新型场景下发挥重大作用，为移动运营商带来新的运营模式，为设备、服务提供商以及终端用户等带来更大的价值。衷心希望本书能够在 MEC 的基本概念、技术标准、业务应用以及市场生态等方面对大家有所帮助。

历经数月的翻译忙碌，本书今天能够与读者朋友见面，甚慰！岁月如梭，时光荏苒，作为通信人已不知不觉入行 20 多年，这么多年以来，自己对技术发展的贡献微乎其微，聊以本书的翻译作为对过去的一份总结、沉淀和纪念。回想过去的每个日夜晨昏，都仿佛时间轴上的刻度一般历久弥新，日子越久越清晰和深刻。在此深深感谢为本书的出版付出辛勤工作的机械工业出版社华章公司的编辑们，感谢曾经关心、帮助、支持、陪伴过我的人。

译者
2021 年 8 月

推 荐 序

我在电信行业标准（主要是 3GPP 和 ETSI）方面有超过 16 年的贡献，在 IETF、BBF 以及 NGMN 和 GSMA 等行业机构中，也有一定程度的贡献。

我与本书作者的第一次合作是在 5 年多前，即移动边缘计算的 ETSI 行业标准化小组成立之初。这是第一个为多接入边缘计算（MEC）开发可互操作标准和 API 的标准开发机构，现今该机构仍然是这个领域的领军机构。我们都曾在该机构任职，为其技术、营销或推广做出贡献。

ISG 在其成立白皮书中指出，我们需要一个新的生态系统来服务于那些需要非常低的通信延迟，或提供非常接近其终端消费者的内容的感知新兴市场。这意味着需要分散基于云的计算工作负载，于是 MEC 诞生了。通信服务提供商、基础设施供应商、平台供应商、应用程序开发者等聚集在一起，为许多不同的部署选项提供可互操作的解决方案，并加强对只有 MEC 才能提供服务的新消费者和企业市场的认识。

5 年过去了，这一愿景的大部分已经或即将成为现实。MEC 试验已司空见惯，商业产品也已存在。MEC 包含在针对 5G、工厂自动化、智慧城市和智慧交通系统等用例的拟议解决方案中。其他标准化机构和论坛，如 3GPP、OpenFog Consortium 和开放边缘计算倡议（Open Edge Computing initiative），正在扩大 MEC 的涉足范围，使其成为主流。

通过阅读本书，读者能够了解和掌握 MEC 的技术、部署、市场、生态系统和行业等各方面的知识。本书作者是该领域的领导者，他们通过更具体的 ETSI 白皮书和众多行业活动中的演讲对该领域做出了重要贡献。

Adrian Neal 博士

沃达丰公司行业标准高级经理

前　言

　　边缘存在被认为是实现关键用例的绝对必要条件，这些关键用例推动了对第五代移动技术（"5G"）的需求，其中包括触觉互联网、交互博弈、虚拟现实和工业互联网。所有这些都要求某些应用程序组件具有极低的延迟。因此，物理限制（即光速）禁止这些组件在传统的"深"云中执行。另一组可能严重依赖边缘计算的用例是"海量"物联网（IoT）——大量设备（如传感器）向上游发送大量数据的物联网。

　　市场一致认为，为了使整个系统在网络和深层云计算资源不超载的情况下可扩展，有必要在边缘对数据进行预过滤。这使得边缘存在对于 5G 以及相关的 MEC 标准的成功至关重要。此外，正如 ETSI 最近发布的白皮书[⊖]所示，MEC 在行业向 5G 发展的过程中扮演着更加重要的角色，它可以在现有的 4G 基础设施上部署 5G 应用程序，从而平滑实现 5G 所需的投资曲线，并让电信运营商能够更好地在部署 5G 的相关支出与实际的 5G 相关收入上保持平衡。

　　实现 5G 需要一个高度多元化的利益相关者生态系统，不仅包括电信运营商、供应商、应用程序和内容提供商，还包括初创企业和开发者社区，以及地方政府和其他公共实体。对其中的许多实体来说，启用 MEC 意味着在开发和部署新的基础设施、重新构建现有应用程序并将它们与 MEC 服务集成、理解大量微数据中心可能对当地经济产生的积极影响以及传播这些影响所需的规划方面进行大量投资。所有这些不同的实体都在从自身的角度全面了解 MEC 的好处，并寻求解决与 5G 相关的挑战的方法。

　　⊖　www.etsi.org/images/files/ETSIWhitePapers/etsi_wp24_MEC_deployment_in_4G_5G_FINAL.pdf。

本书提供了 MEC 的完整且具有战略意义的概述，涵盖了网络和技术方面，从不同利益相关者的角度描述了市场情况，并分析了部署方面和参与生态系统所需的行动。

正如前面的讨论所表明的那样，MEC 将支持一个高度复杂的"5G 世界"，在这个世界中，技术人员和非技术决策者必须在一个相互关联的大生态系统中共同行动，而 MEC 只是其中一个重要的组成部分。

本书分为三个部分，旨在解决技术、市场和生态系统这三个方面的关键问题。

致　　谢

　　衷心感谢在边缘计算和多接入边缘计算标准领域与我们一起工作的所有同事和合作者，因为本书中表达的一些想法也是与他们合作的成果。业界对边缘计算的兴趣在不断增长，我们对生态系统的认识正是从各利益相关者的大量反馈中获得的。

　　我们还要感谢家人的耐心和支持，因为撰写本书占用了我们承担家庭责任的时间。因此，我们希望我们的努力是值得的，并且在此感谢读者对本书的关注。

作者简介

达里奥·萨贝拉（Dario Sabella）是英特尔标准和研究部门的高级经理，同时是5GAA（5G汽车协会）的公司代表。在下一代标准部门中，Dario推动新通信系统的新技术和边缘云创新，参与生态系统的搭建，协调SDO和行业团体在边缘计算方面的内部一致性，为内部和外部的利益相关者/客户服务。2019年，他被任命为ETSI MEC副主席。此前，他曾担任多接入边缘计算（MEC）行业组织的秘书和负责人，并从2015年起担任ETSI MEC（移动边缘计算）IEG的副主席。2017年2月之前，他在TIM（意大利电信集团）的无线接入创新部门工作，负责OFDMA技术（WiMAX、LTE、5G）、云技术（MEC）和能源效率（TIM移动网络节能）的各种研究、实验和运营活动。从2006年起，他参与了TIM子公司（古巴ETECSA、巴西TIM、阿根廷电信）的许多国际项目和技术试验。自2001年加入TIM以来，他参与了许多内部和外部项目（包括FP7和H2020 EU资助的项目），通常担任领导职务。Dario在无线通信、无线电资源管理、能源效率和边缘计算领域拥有40多个出版物和20多项专利，他还组织了几次国际研讨会和会议。

亚历克斯·列兹尼克（Alex Reznik）是慧与公司（HPE）的杰出技术专家，目前在HPE的电信战略客户团队中推动技术客户的参与，并参与帮助一级电信公司发展能够全面实现5G的灵活基础设施方面的工作。自2017年3月以来，Alex还担任ETSI MEC ISG的主席，该组织是致力于在接入网中实现边缘计算的领先国际标准组织。

2016年5月之前，Alex是InterDigital的高级首席工程师/高级总监，领导公司在无线互联网领域的研发活动。自 1999 年加入 InterDigital 以来，他参与了一系列项目，包括领导 3G modem ASIC 架构、设计先进的无线安全系统、协调认知网络领域的标准策略、开发先进的 IP 移动性和异构接入技术，以及开发新的移动边缘的内容管理技术。

Alex 以优异的成绩获得了库伯联盟学院的电气工程理学学士学位、麻省理工学院的电子工程和计算机科学硕士学位、普林斯顿大学的电气工程博士学位。他曾在罗格斯大学的 WINLAB 担任客座教授，并在那里协作研究认知无线电、无线安全和未来移动互联网。他曾担任小蜂窝论坛（Small Cells Forum）服务工作组副主席。Alex 是 150 多项美国专利的发明者，在 InterDigital 获得了无数创新奖项。

鲁伊·弗拉赞（Rui Frazao）是 B-Yond 的 EMEA 运营部门的首席技术官和执行副总裁。在加入 B-Yond 之前，Rui 是 Vasona Networks（于 2018 年被 ZephyrTel 公司收购）的首席技术官，该公司是一家多接入边缘计算解决方案的创新提供商。他在沃达丰任职 15 年，担任过多个集团的技术职务，包括网络工程总监，负责监督德国、荷兰、匈牙利和捷克的网络活动。他与沃达丰的合作包括实施业界最早的 VoLTE 部署，并在欧洲推出了第一个虚拟化网络核心平台。Rui 此前曾在思科、支付网络 SIBS 和里斯本证券交易所任职。他的研究涉及商业策略、计算机系统、电气工程和电信等领域。

目　　录

第一部分

MEC 与网络

第 1 章

从云计算到多接入边缘计算

本章将从网络的角度介绍多接入边缘计算（MEC），从云计算的历史背景开始，然后考虑驱动向边缘发展的新趋势（包括开放创新、网络软件化以及电信和信息技术（IT）的融合）。

什么是 MEC？

为了正确理解这一点，我们实际上需要从结尾开始，字母 "C" 表示 "计算"。本书主要是关于计算的，而且当下更多指的是 "云计算"（不管这意味着什么，我们稍后再进行讨论）。然后，这里有一个 "E" 表示 "边缘"，你很可能认为你知道什么是 "边缘计算"，但我们敢说你的定义太窄了。我们希望这本书至少有助于拓宽你的 "边缘视野"。最后，"M" 代表 "多接入"（Multi-access）。这里，"接入"（access）很重要——表示以某种方式 "连接" 到了 "接入" 的 "边缘计算"（不管它代表什么）——也就是说，用户和其他客户端设备（例如构建物联网（IoT）的数十亿件事物）用来 "接入" 互联网的网络。"Multi" 是首字母缩略词中最不重要的部分，它表示 MEC 技术可用于各种网络（移动、Wi-Fi、固定接入等）以支持各种应用。

因此，MEC 似乎是一种奇美拉（chimera）技术——一种远离云的云技术，与网络有着重要的关系。而且我们可以看到，它来自几个不同的已经存在了一段时间的趋势的融合。但这并不意味着 MEC 作为一个领域是不协调的、脱节的和不起作用的——不像神话中的奇美拉那样。

从理论上说，MEC 代表了计算、通信和控制（根据它对实现工业物联网的重要性）的实用融合，这是现代信息科学的圣杯。与集中式"优化"方法相比，它也生动地展示了分散决策的效率和稳健性。

1.1　边缘还是不边缘

一个合适的起点似乎是回答"为什么通常需要边缘计算，尤其是 MEC"的问题。关于该主题的文章很多，它们可以总结如下：有些应用程序无法使用传统的基于云的应用程序托管环境。发生这种情况可能有多种原因，其中一些较为常见的是：

- 应用程序对延迟敏感（或具有对延迟敏感的组件），因此无法适应在传统云中托管存在的延迟。
- 应用程序客户端会生成大量需要处理的数据，而将所有这些数据推送到云中是不经济的，甚至是不可行的。
- 需要在本地（例如企业网络中）保留数据。

边缘计算的一个重要驱动力是物联网，其中边缘计算通常称为雾计算（fog computing）。美国国家标准与技术研究院（NIST）在其"Fog Computing: Conceptual Model"报告[8]中声明：

> 管理物联网传感器和执行器生成的数据是部署物联网系统时面临的最大挑战之一。传统的基于云的物联网系统面临着一些云生态系统中存在的大规模、异构和高延迟问题的挑战。一种解决方案是使用分布式和联合计算模型，将应用程序、管理和数据分析分散到网络本身。

此外，物联网正迅速发展成为边缘计算收益的重要驱动，微软的边缘云解决方案"Azure IoT Edge"就是证明。

然而，物联网只是需要边缘计算的几种类型的应用之一。在一份对定义

"5G"具有广泛影响的白皮书中，下一代移动网络（NGMN）联盟列出了定义
5G 用户体验和驱动 5G 移动网络需求的 8 类 5G 应用 [9]，包括：

- 普适视频
- 超过 50 Mbps 网速的网络的普及
- 高速列车
- 传感器网络
- 触觉互联网
- 自然灾害
- 电子健康服务
- 广播服务

对这些类别进行粗略的顶层分析，我们可以得出这样的结论：大多数类别
要么需要边缘计算，要么能从中显著受益。事实上，我们可以做出以下陈述：

- 普适视频：边缘计算可通过边缘缓存以及边缘的视频处理和代码转换来
  显著减少回传（backhaul）/核心网络负载。
- 高速列车：这种"高速"环境几乎肯定需要"列车上"的应用，以避免
  处理与从高速运动的平台到固定网络的连接相关的网络限制。
- 传感器网络：收集和处理大量数据的大规模物联网问题是雾计算的主要
  焦点，它属于这一类。
- 触觉互联网：这一类用例和应用要求端到端延迟低至 1 毫秒。在大多数
  网络中，由于光速的物理限制，无法在没有边缘计算的情况下实现如此
  低的延迟。
- 自然灾害：要支持这些用例，需要在"连通性岛"上部署网络（即与互联
  网的连接是有限的、间歇的甚至缺失的）。因此，任何应用都必须在边缘
  运行。
- 广播服务：当内容可以出现在边缘时，此类服务可以显著受益，因为这
  样可以节省大量的网络流量。此外，基于边缘的广播的情景化可以改善
  每个特定区域的可用内容。

显然，边缘计算是 5G 的关键使能技术，这一点早在 NGMN 的论文中就得

到了认可，该论文将"智能边缘节点"列为"技术构建块"，并列出了它在靠近用户的情况下运行核心网络服务的用途，以及它在边缘缓存等应用服务方面的潜在用途。

然而，NGMN 的论文虽然专注于移动网络，但却遗漏了一点，因为 NGMN 的"智能边缘节点"是应用的着陆区，所以它确实需要成为一种"云节点"。欧洲电信标准化协会（ETSI）在白皮书《移动边缘计算：一项通向 5G 的关键技术》以及专注于所谓移动边缘计算（Mobile Edge Computing，MEC）的行业规范组（ISG）[10] 的创建中，都提出了这一主题。几年后，因为认识到其工作适用于所有类型的接入网（移动（3GPP 定义）以及 Wi-Fi、固定接入等），该工作组更名为多接入边缘计算（Multi-access Edge Computing，保留 MEC 缩写）。这里引用其释义：

> MEC 代表了一项关键技术和架构概念，因为它有助于推进移动宽带网络向可编程世界的转型，并有助于满足 5G 在预期吞吐量、延迟、可扩展性和自动化等方面的苛刻要求，使其能够向 5G 演进。

所有这些工作都忽略了，或者说没有突出强调的一点是，边缘计算（尤其是 MEC）不仅仅是一种"5G 技术"。事实上，MEC 是一种关键工具，它使运营商能够在其现有的 4G 网络上启动 5G 应用。这可能会对 MEC 的商业方面产生重大影响——参考文献 [11] 和我们在第 3 章中关于 MEC 的经济和商业方面的讨论将对此进行详细介绍。

在这一简短的介绍性讨论的末尾，让我们总结一下主题：边缘存在是构建 5G 工作网络的必备条件。这包括物联网，物联网是许多初始部署的重点，但涵盖了更广泛的应用、用例和市场。MEC 通过在接入网中创建一个类似云的应用着陆区来实现这种边缘存在，也就是说，尽可能靠近客户端设备。因此，它是 5G、IoT、AR / VR 等新兴计算领域的关键推动力。本书对这些主题进行了扩展，详细分析了它们的含义、各种生态系统参与者、挑战和机遇，并概述了所涉及的关键技术。然而，我们必须首先实际解释什么是 MEC，或者什么不是 MEC，这就是我们接下来要讨论的问题。

1.2　MEC 的云部分

回想一下，前面我们注意到"MEC"中的主要字母是最后一个——"C"表示"计算"（Computing），但实际上表示"云计算"（Cloud Computing）。因此，我们先从 MEC 的云计算方面开始。维基百科中对"云计算"的定义如下。

> 云计算是一种 IT 范式，它支持对可配置系统资源和可以最小的管理工作量快速调配的更高级别服务的共享池的无处不在的访问，这些访问通常通过互联网进行。云计算依赖资源共享以实现一致性和规模经济，类似于公用设施。

正如维基百科指出的，这个词虽然在 2005 年左右曾被 Amazon Web Services（AWS）普及，但至少可以再往前追溯 10 年。因此，边缘计算的云计算方面似乎已是众所周知的事情。事实上，边缘计算的主要目标之一是"支持对可配置系统资源和可快速调配的更高级别服务的共享池的无处不在的访问"。注重细节的读者可能会想知道为什么只引用到了这里，事实上这是有意的。

让我们考虑一下上面没有引用的内容，特别是"资源共享以实现一致性和规模经济"。事实上，要实现这两个术语所描述的内容，需要取得重大进展，而这需要几十年才能实现，直到云计算成为经济上可行的业务：

- 通过虚拟化将物理硬件和应用分离。这使得在不同硬件平台之间迁移应用工作负载成为可能，而不需要为每种特定的硬件类型保留不同的软件构建。
- 融合少数几个行业标准化的"计算架构"——主要是 Intel x86 架构，因此虚拟化的绝大多数应用都是基于 Intel 架构的处理构建的。
- 高速互联网的发展，使得在私有企业网络之外传输大量数据和计算成为可能。
- 万维网的发展，使基于名称的资源访问模式成为可能。（如果我们的应用必须依赖 IP 地址进行资源寻址，那么云计算就不太可能正常工作，因为 IP 地址自然地绑定（即"固定"）在特定的硬件上。）
- 通过使用万维网传输机制（HTTP），（主要由 AWS）引入基于 REST-API 的服务管理框架。

- 一个经济的环境，使得大规模数据中心的部署成为可能，这些数据中心可以转变为共享的公共云（同样由 AWS 领导）。

上述发展和由此产生的技术使得企业和云提供商能够将向应用提供计算资源的系统组合在一起，作为一个统一抽象资源（vCPU、虚拟 RAM、虚拟磁盘存储等）的同质池，这些资源可以在不考虑其物理来源的情况下使用。为了强调这项任务的实际困难，我们注意到，即使在现在，x86 CPU 架构仍然是最流行的虚拟化架构。虽然基于 ARM 的处理器在许多行业（包括电信行业）都很普遍，但对于 ARM 虚拟化来说，情况并非如此，ARM 虚拟化的使用率明显低于基于 x86 的虚拟化。此外，如果你有一个需要访问 GPU 的高性能计算应用程序，那么你就不走运了。尽管 GPU 广泛应用于各种应用程序，但 GPU 虚拟化支持现在才由 OpenStack 开发出来。这种不被采用的情况并不是因为任何深层次的技术挑战。以 ARM 为例，虚拟化技术已经出现了一段时间。这是因为云系统需要规模经济才能有意义，而实现这样的规模需要很多因素的及时融合，包括应用和工具组成的广泛生态系统的存在，这些应用和工具可以"在适当的时候"聚集在一起，使云发挥作用。

那么，MEC 是一种云技术吗？当然是。它完全是关于计算（和存储）资源的抽象，其方式与传统云技术完全相同。与传统的云技术一样，MEC 利用了现代资源访问模式（特别是基于 Web 的资源访问）和管理框架。例如，所有 ETSI MEC API 都被定义为 RESTful 并使用 HTTP 作为默认传输协议。然而，它与传统云在一个关键方面有所不同：规模。我们并不是暗示 MEC（更广泛地说是边缘计算）缺乏与传统云计算相同的规模。相反，规模的性质以及由此带来的挑战具有不同的本质。为了正确理解这一点，我们需要研究 MEC 的第二个组成部分——表示"边缘"（Edge）的字母"E"。

1.3　MEC 的边缘部分

边缘计算之所以现在成为云计算和电信领域的热门话题，不是因为它是一项热门的新技术，而是有很多重要的原因。边缘计算的起源至少可以追溯到

2000～2005 年开发的边缘内容分发网络（CDN）。可以从 CloudFlare 网站（www.cloudflare.com/learning/cdn/glossary/edge-server/）上找到一个很好的简短摘要：

> 边缘服务器是一种提供网络入口点的边缘设备。其他边缘设备包括路由器和路由式交换机。边缘设备通常放置在互联网交换点（IxP）内，以允许不同的网络来连接和共享传输。

CloudFlare 网站上还有一个很好的图示，如图 1.1 所示。

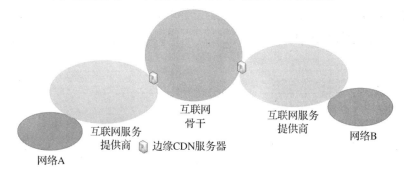

图 1.1　边缘 CDN 图示（来自 CloudFlare）

这里我们要做一个重要的观察。CloudFlare 定义的边缘 CDN 服务器实际上位于用户与通信服务提供商（CSP）网络（互联网服务提供商（ISP）是 CSP 的一种特殊情况）的最远点。在某种程度上，这是由一个简单的必然情况决定的——边缘 CDN 提供商（如 CloudFlare 和 Akamai）根本无法将它们的设备离用户更近，因为这意味着要离开互联网，将它们的设备放在 CSP 的专有网络中。

这导致了一个自然的下一步，即开发尽可能靠近用户的 CSP 所有的"边缘 CDN"。

在移动网络的情况下，这意味着将其定位在无线接入网（RAN）上，或者更确切地说，将 RAN 连接到核心网络的"S1"接口上。不幸的是，这样做需要截获正常的流量，在 5G 之前的移动核心网络中，这些流量是在 RAN（例如基站）和分组网关（PGW）之间进行隧道传输的。PGW 位于移动网络最远的边缘，即"正常"边缘 CDN 所在的位置⊖。图 1.2 显示了这种情况，即 4G 核心网

⊖　参见参考文献 [1-2]，了解 4G 网络的优秀背景。

络（称为"演进的分组核心"（ePC））的高度简化图。ePC 接口有标签，但其中的 S1 接口（注意：有两个！）和 SGi 接口将非常重要，它们将多次出现在本书的多个讨论点上，如关于"S1 上的 MEC"和"SGi 上的 MEC"实现选项部分。S1-U 接口（用于 S1 用户面）将 RAN 连接到服务网关（SGW）并承载用户流量，而 S1-MME 接口将 RAN 连接到移动性管理实体（MME）并承载控制最终用户设备访问 RAN 的各个方面的流量。S1 接口应该被视为"控制面"。SGi 接口是 3GPP 给予进出 ePC 的"普通 IP 流量"接口的"架构参考"。虽然边缘 CDN 可以放置在 ePC 中的其他逻辑位置（例如：S5 上，SGW 中），但一般来说，假设你要进入移动网络，会希望其位于 RAN 中，也就是在 S1 接口上。

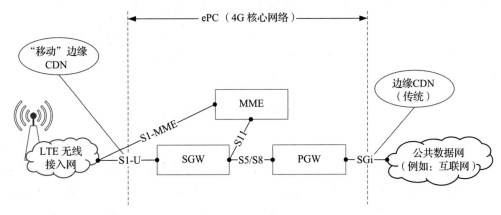

图 1.2　高度简化的 4G 核心网络显示了边缘 CDN 的位置

在 S1 上有一个"边缘 CDN"节点以及提供其他服务的可能性的需求，导致了标准定义架构（LIPA）和"透明的"本地突破方法的开发，S1 上的通道被打破。在 2005 年左右，这两种方法都是被积极开发和产品化的主题，并且预计 MEC 将被用于比"边缘数据缓存"更广泛的应用中。有关与边缘缓存完全不同的示例，以及如何在"S1 上"定位处理的较完善讨论，请参见参考文献 [3]。这里需要注意的是，在目前由 3GPP 定义的 5G 架构中，通过一个正确定位的用户面功能（UPF），在 RAN 旁边的应用程序功能的放置将以本地方式支持。我们将在后面更详细地讨论这个问题。

然而，回到传统的边缘 CDN，我们注意到它在 CSP 网络的远端位置是由另一个附加因素决定的——这些实体的工作方式。至少在一定程度上，它们使用复杂的算法来分析用户数量统计和内容请求统计，并试图预测哪些内容可能会被哪些用户群请求。只有当用户和内容总体统计数据足够大，并且"边缘"站点的存储也足以容纳大量内容时，这才有效。将边缘 CDN 移近用户还会减少在任意给定时间服务的用户群体的数量大小（也就是统计样本），以及通过缓存点的内容量（同样是统计样本）。这可以通过增加缓存的大小来抵消。不幸的是，转向边缘的经济性决定了恰恰相反的情况——必须减少存储量。因此，传统的边缘缓存方法不会比 CSP 网络的边缘更有效。

解决这一问题的方法是充分利用处于最边缘的丰富环境。例如：为咖啡店提供服务的一个非常小的小区是高度情景化的，它的用户群很可能喜欢咖啡，并且有一个与该咖啡店相关联的特定配置文件。如果该内容可以公开给应用，应用就会知道如何去处理它。如果它随后在小区中为其内容提供一个着陆区（landing zone），那么它很可能会非常明确该如何处理这些存储。这个想法得到了小蜂窝（Small Cells）社区的认可，小蜂窝论坛（Small Cells Forum）在这个领域的工作记录可参见参考文献 [4-7]。然而，它的实现还需要等待边缘计算的实现。毕竟，一旦为应用提供了内容的着陆区，下一步自然就是为应用的计算建立一个着陆区，至少对于一些可能在边缘运行的组件来说是这样。

显然，在边缘做点什么的想法既不新鲜，也没有某些技术的支持，但这仍然留下了一些开放性的问题：什么是边缘？边缘在哪里？边缘和传统云的边界在哪里？现在让我们发表以下大胆的声明。读者可能会被问到一个更难回答的问题：在"边缘计算"的背景下，什么是"边缘"呢？举一些好例子很容易。此外，如果你深深地沉浸在你自己的领域，你可能会认为你的例子才是实际上的边缘。但是，当你和一个在相关领域工作的熟人交谈时，你会惊讶地发现，他们的"边缘"与你的不同，事实上很难界定"深层"云的终点和"边缘"的起点。然而，这正是我们需要做的事情——否则，本书的其余部分就没有意义了。除非我们与读者对本书的内容有一些共同的理解，否则我们不可能写出一本对广大读者有用的书（或是一篇文章）。

1.4　MEC 的接入部分

正如我们认识到的那样，我们需要从良好的例子开始。亚马逊似乎对"什么是边缘"有一个清晰的定义——看看它的 Greengrass 软件。微软或多或少同意亚马逊的观点，比如 Azure IoT Edge 或 Azure Stack。这就引出了以下定义：边缘是公共云对本地部署的扩展。其目的是为企业客户提供一种跨"深层"公共云和本地部署的边缘云的统一管理体验，其中还包括无缝的自动化工作负载迁移（当然，取决于规模和其他限制因素）[⊖]。事实上，在当今的企业计算领域，这是一个非常好的定义，因此对我们来说是一个好的起点。

少了什么东西呢？边缘计算的一个例子就是用户处所设备（CPE），其存在于大多数企业中，且不完全符合这一定义。CPE 是广域网（WAN）基础设施的一个组成部分，由 CSP 提供给它的（一般）企业用户。它驻留在客户的站点上，并终止与该站点的 WAN 链路。其目的是在特定站点提供 WAN 通信能力和局域网（LAN）之间的安全可靠访问。因此，CPE 通常包括用于在 WAN 和 LAN 之间移动流量的交换和智能路由功能，并且当存在多个这样的链路时，也用于跨 WAN 链路之间的负载平衡（在通常情况下）。此外，CPE 还提供了防火墙，为进出企业的流量提供行业标准的安全服务。交换 / 路由和防火墙功能通常都是策略可配置的，并支持 QoS 差异化、与企业策略系统的集成等。在某些情况下，附加功能（如 CSP 所需的对计费、合规性或 Wi-Fi AP（接入点）以及 LTE eNB 等的支持）也可能是 CPE 的一部分。

传统的 CPE 由所有这些组件的离散垂直（硬件 + 软件）实现组成。通常，这些都被打包到一个"盒子"中（但并不总是这样），这样 CPE 对用户来说就成了一个单独的设备。然而，CPE 的内部仍然基于硬件，这使得升级、维护和修复变得不灵活且成本高昂。

最近，业界一直在向灵活、可配置且通常是虚拟化的广域网方法（通常称为软件定义广域网（SD-WAN））迈进。作为这一趋势的一部分，越来越多的人开始用灵活的"通用"CPE（uCPE）取代传统的 CPE，其中所有的 CPE 应用都

⊖　即使当前提供的解决方案略有欠缺，这也是一个明确且通常可以理解的目标。

被虚拟化并在通用计算平台上运行。图 1.3 显示了一个典型的 uCPE 示例，其中除了标准的 uCPE 应用外，还有一个 WLAN 控制器应用。

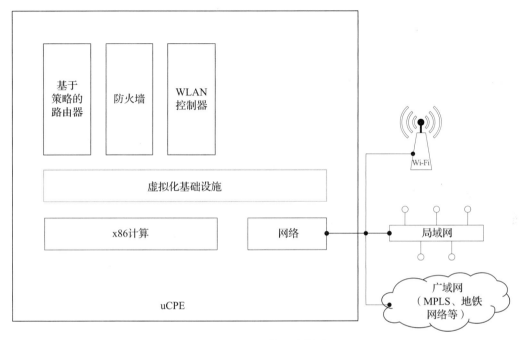

图 1.3　uCPE 的一个例子

与其他应用一样，虚拟化带来了显著的优势：能够远程监控、维护和升级各种 uCPE 应用，以及频繁、廉价地进行这些操作（以前是硬件更改，现在变成了软件升级）；能够在通用的平台上发布不同的 CPE 应用（如不同的最大吞吐量、最大连接数、用户数、广域网链路等）——事实上，这是一种将一种 CPE 转变为另一种 CPE 的能力（因此有"通用"的绰号）。例如，图 1.3 中的 uCPE 设备可能在没有 WLAN 控制器应用的情况下被运送到客户站点。在某些情况下，当设备到达现场时，客户会要求添加 WLAN 控制器功能。将适用的应用远程推送到设备并激活，而客户只需打开并连接 WLAN AP 即可。如果 uCPE 中的计算平台有足够的能力运行这个附加的应用，那么所有这些操作都是远程完成的，而不需要停止 WAN 功能（因为不需要关闭其他应用），并且与客户的交互最少。

此时，uCPE 实际上是另一个运行在通用计算（generic compute）之上的虚拟化应用（或者更确切地说是一组这样的应用），因此 uCPE 应该可以在企业运行其他应用的同一个本地部署边缘云（例如，AWS 或 Azure 的边缘解决方案）上运行。但是，uCPE 上运行的应用在几个关键方面与标准云应用有所不同。

1.4.1　实时数据处理

对实时数据流的操作是这些应用的一个关键方面，因此，它们与物理基础设施的"联网"组件进行了大量交互。一种常见的方法是通过数据平面虚拟化来实现，即以太网交换机在 x86 计算机上虚拟化（Open vSwitch 就是一个例子），"联网"只是物理层功能。然后，更高层的应用（PBR、路由器等）与这个虚拟化交换机交互。第二种常见方法是使用 SDN，在这种情况下，"联网"组件是可编程交换机（例如 OpenFlow 交换机），由虚拟化基础设施内的 SDN 控制，上层应用与 SDN 控制器交互。

无论采用何种联网方法，需要对实时数据进行操作的结果是，uCPE 应用的操作要求与传统的由企业操作并虚拟化的"IT"应用有很大不同。应用停机（即使持续非常短的时间）也可能导致严重的服务中断和数据丢失。通过应用实例的冗余实现负载平衡和恢复是很困难的——当然，你可以在多个计算节点上运行多个 PBR 实例，但你不可能在任何给定的时间复制一个实例正在处理的数据。

1.4.2　SLA 和监管要求及关键基础设施

uCPE 应用的一个相关方面与其用于满足 CSP 任务的需求有关。其中包括合同服务水平协议（SLA）——本质上是与 CSP 向企业提供的连接服务相关联的性能保证。更重要的是，这些通信链路往往是关键基础设施的一部分，即停机可能对业务性能产生重大甚至灾难性影响的基础设施，而如果涉及公共基础设施，则可能会对人们的生活产生重大影响。最后，就公共基础设施而言，uCPE 的性能受到各种监管——从其作为关键基础设施的潜在作用到合法拦截等。所有这些都无法承受故障带来的后果，而对于"IT"应用来说，这些故障却可以通过冗余和负载平衡的现行标准方法轻松解决。

1.4.3　网络功能虚拟化

这些截然不同的需求导致了一种认识的形成，即这些需求代表了一种不同类型的虚拟应用，实现这些功能的基础设施也必须有所不同。这种不同的虚拟化方法现在被称为网络功能虚拟化（NFV），它所需要的虚拟化和管理基础设施与"IT"和"Web"应用的传统虚拟化领域是不同的，这一点已被广泛接受。

ETSI 的 NFV ISG 已经为这种基础设施的管理框架开发了一个关键样板，本书将更深入地研究这个框架。然而，正如我们区分"边缘计算""MEC"和"ETSI MEC"三者那样，我们提醒读者不要将 NFV 的一般概念与 ETSI NFV 的特定管理框架混淆——后者既是前者的子集（侧重于管理方面），也是通用概念的具体示例。

1.4.4　不是自家的 IT 云

所以现在，我们可以回到我们以前问过的问题——为什么不能在企业运行其他应用的同一个本地部署边缘云上运行 uCPE 应用？答案很简单，因为企业边缘云就是这样，它不是 NFV 云。它们通常不能运行 NFV 基础设施——这对于当前实现的亚马逊边缘环境和微软边缘环境来说，确实是这样。因此，大多数 NFV 部署都使用 OpenStack。此外，典型的企业应用程序不会公开 NFV 的网络方面需求。计算集群（和底层网络）是为企业和 NFV 的不同需求而构建的，因此，它们应该产生不同的架构。NFV 应用程序被"打包"为虚拟网络功能（VNF），所需的管理通常比标准虚拟化堆栈（如 OpenStack 或 VMware）所能提供的要多，因此需要 VNF 管理器和 NFV 编排器等软件。服务编排是使用比 Ansible 或 Puppet 更为复杂的工具来完成的，并不是因为这些工具不好，恰恰相反，它们在企业领域的成功已经说明了它们的出色，只是因为它们不适用于 NFV 领域。

显然，uCPE 与典型的企业应用程序不同，但它是否只是一个个例，一个不必泛化的特例？答案是否定的，尽管 uCPE 可能是企业内部运行的"多接入"边缘计算的唯一例子。以下是 CSP 网络中可能部署边缘云的部分位置：用户驻地（仅针对企业讨论，不针对住宅）、天线塔、光纤汇聚点、中心局（CO）、移动电话交换局（MTSO）。可能在这些位置运行的应用程序包括：云无线接入网（CRAN）的分布单元（DU）和集中单元（CU）、包保护（ePC）、边界网关、移动网络视频优化、深度包检查等。所有这些都是 VNF，因此其行为和要求与 uCPE 相似，而与传统的"IT"应用程序不同，就像 uCPE 不同于传统 uCPE 应用程序一样。

这确实引出了一个问题，为什么有那么多位置运行着这么多"奇怪的应用程序"？毕竟像亚马逊和微软提供的企业和网络服务，似乎只需要两个位置——云和驻地。为什么电信如此不同？很大程度上是因为在传统的 IT/Web 服务领域中只有两个实体：云和企业驻地。剩下的只是一根管道。自从互联网出现以来，在这个"顶层"（Over-The-Top，OTT）领域的参与者从来不需要担心管道是如何工作的。这曾经是而且现在仍然是互联网的"魔力"所在。

然而，这个"管道"实际上是一个高度复杂的全球工程系统（也许是人类创造的最复杂的系统），其中使用了多个高度复杂的组件来确保关键通信和 YouTube 视频请求都能获得预期的 QoS。一旦我们开始讨论组成这个基础设施的组件的虚拟化，我们就不能再忽视它的复杂性了——它暴露在我们面前，我们就必须应对它。

此外，这一精心设计的全球系统依赖于大规模分布式基础设施——也许是世界上唯一一个具有如此规模的分布式基础设施。因此，它是"边缘原生的"（edge native）——可能多达 90% 的电信系统都是边缘。当这些组件被虚拟化并迁移到通用计算平台时，每个组件都成为一个云计算存在点。所以，我们还是有很多选择的。

这引发了另一个问题：CSP 真的需要所有这些选项吗？对于任何一个 CSP 来说，答案都是否定的。每个提供商可能会选择少量边缘云"地点"——有可能只有一个，这取决于每个 CSP 的具体情况：其网络的架构——无线接入网（RAN）、接入等；它们所服务的人口统计类型；所需启用的用例以及与这些 CSP 相关的业务案例。所有这些在不同的运营商之间都会有很大不同，因此它们对"边缘"的定义也会有很大不同。此外，它们也会随着时间的推移而变化，因此每个运营商的边缘架构都需要具有架构可塑性。鉴于电信行业中 CSP 的所有这些可变性，确实需要启用所有这些不同的选项。这意味着我们需要开发基础设施、标准、管理框架等，以一种简单、统一和高度可扩展的方式处理所有这些选项。

1.5　到底谁需要标准

在这里，有必要撇开主题讨论一下标准化的作用。如果你是一个"电信人"，你的反应可能是："为什么？我们当然需要标准！"然而，如果你是一个"云人"，你的反应可能是："为什么？到目前为止，我还没有必要为标准操心。"因此，当谈到 MEC 时，我们再一次对一个可能至关重要的话题持有不同的观点，这就是为什么我们需要偏离主题。

为了理解造成这种差异的根本原因，我们需要再次考虑传统的"IT"和"Web"应用程序是如何开发的。开发团队做出了许多关键决策：架构方法（例如微服务）、开发和运营理念（例如 DevOps）、计算平台（如果你计划虚拟化，很可能是 x86）等，其中包括云提供商 / 堆栈。一些常见的选择可能是 AWS、Azure、Kubernetes、Mesophere、OpenStack 等[⊖]，其中每一个都有自己的管理服务的方法，也就是说，有自己的 API。配置、管理以及保证脚本和服务必须使用这些 API。然而，这并不是问题。毕竟，开发团队只会选择一个，也许两个。团队很有可能已经熟悉了环境，但是即使是全新的环境，经过一段时间的学习之后，你也可以开始正常工作了。此外，如果你使用一个被广泛应用的平台，那么无论是在开源领域还是在商业软件领域，都有很多好的工具可以提供帮助。

让我们把这个经验转化到 MEC，记住 MEC 是关于 CSP 提供商的边缘云，

　　⊖　我们将 VM（虚拟机）和基于容器的环境混合在一起是有意为之的——对于本次讨论而言，这并不重要。

也就是说，CSP 变成了云提供商。为了简单起见，我们把注意力集中在美国。在撰写本书时，美国有四大移动运营商：Verizon、AT&T、Sprint 和 T-Mobile。也有几个主要的独立宽带 / 有线电视提供商：Comcast、Spectrum、Time Warner 和 CenturyLink。有了 MEC，它们中的每一个都将成为边缘云提供商，这似乎与前面列出的 AWS、Azure、Kubernetes、OpenStack 等生态系统类似，但除了一个关键点，那就是：**你不能只选择一个或两个。作为应用程序开发者，你必须能够处理以上所有这些。**

考虑一下你的用户，原因就显而易见了：他们必须能够访问你的云实例。然而，尽管你期望大多数用户大部分时间都能够访问 AWS，并且能够一直访问运行 OpenStack 的私有云，但是期望运营商 1（Op1）的用户能够访问运营商 2（Op2）的边缘云是不合理的。即使能够访问，Op2 的边缘云也不是 Op1 用户的边缘云。为了达到这个目的，他们的通信必须"离开"Op1 的网络，穿过互联网，然后进入 Op2 的云。这样任何边缘优势（邻近性、低延迟、最小化网络带宽等）都将丢失——事实上，Op1 用户最好网外访问公共云托管的实例。我们在图 1.4 中对此进行了说明。

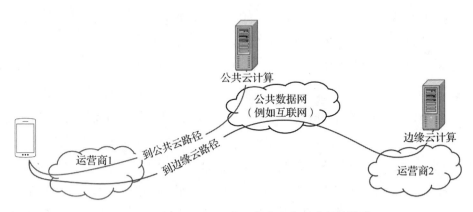

图 1.4   到公共云和另一个运营商边缘云路径的说明

这就要求应用程序开发者能够与任何地理位置上的大多数 CSP 一起工作，而应用程序需要能够出现在这些地理位置的边缘。然而，对于大多数应用程序开发者来说，这样的扩展根本不可行，而且即使在可行的地方，所涉及的经济投入也是难以想象的。这是一个我们将在本书中多次提到的问题，因此给它一个简短的名称是很有用的，我们称之为应用程序开发者的扩展性问题（Application Developers' Scaling Problem，ADSP）。ADSP 有许多方面需要注意——如何建立适当的业务关系、指定在何处部署应用程序、如何管理应用程序实例等。这里尤其关注的是技术问题——应用程序开发者如何编写一次软件，并确保它能在每个边缘云上正常工作。

幸运的是，这个问题只是通信行业中一个众所周知的问题的一个特例，即多设备供应商的互操作性问题。例如：想想不同制造商生产的各种类型的 Wi-Fi 设备，它们以不同的形状和尺寸与 Wi-Fi 接入点配合使用，而这些 Wi-Fi 接入点设备同样也是由不同制造商制造的，形状和尺寸也完全不同（从家用 Wi-Fi 路由器到企业 WLAN，再到打印机中越来越多的软 AP 等）。而标准则是通信行业用来解决这一问题的手段。当成功时（如许多技术一样，许多标准都不成功），标准可以促进新生态系统的巨大增长，推动全新的应用程序和业务。我们见证了 IEEE 802.11 标准的成功，该标准是 Wi-Fi 的基础。还有 3GPP 标准集，它是 GSM 时代以来全球移动通信产业的基础。

因此，解决 ADSP 的技术问题需要一个标准，更准确地说，是应用程序和 MEC 云之间的标准化接口。正如我们将在 ETSI 的 MEC 中进一步看到的那样，标准就定义了这样一个接口。此外，ADSP 并不是 MEC 中涉及多设备供应商互操作性的唯一方面，我们将在后面的一些章节中看到。

1.6　我们只需要开源吗

在我们的社区中有一种感觉，虽然行业标准接口定义很重要，但这些定义不必来自传统的"标准"，相反，它们可以来自开发社区，例如：来自开源项目。此外，从开源项目中获取会更好，因为结果不仅仅是一个文档，还包括运行的代码。

让我们在这里达成共识：开源已经并正在产生巨大的影响。开源极大地降低了进入市场的门槛，从而使小型、灵活和高度创新的公司能够在更平等的基础上与大型老牌企业竞争。它是通过提供一个基础来建立的，允许一个小团队

（或者一个大团队）只关注那些可以提供增值的领域。一个引人注目的例子是：
TensorFlow 允许开发者使用大约 20 行相当简单的 Python 代码来部署机器学习
算法。这意味着数据公司不再需要花费时间和资源来开发神经网络处理机制。
相反，他们可以专注于其增值的地方——数据科学。

然而，这并不意味着开源可以扮演标准所扮演的角色。实际上并非如此！
为了说明这一点，让我们选择 OpenStack。不是因为它不好，恰恰相反，因为
它是一个非常好的开源项目，而且非常成功，所以它是一个表达观点的好地方。
任何使用过 OpenStack 的人都知道，我们对 API 进行开发，而不是开发 API
本身。

- 你正在开发哪个版本的 OpenStack 以及需要哪些 API。
- 你正在开发哪个 OpenStack（真正的开源软件，RedHat、Mirantis 等）。

是的，它们几乎是一样的，但又不完全一样。对于一家小公司，拥有 100
个呈现相同接口的边缘云仍然会让你面临扩展的挑战，以便与 100 个略微不同
（但仍然不同）的实现进行集成。换言之，你仍然缺少标准。

这里的一个简单事实是，标准不能取代开源——因为标准不会告诉你如何
构建任何东西，而开源也不能取代标准。在理想的情况下，开源项目将在需要
使用标准化接口的领域中使用标准化接口，也就是说，在需要大规模供应商互
操作的领域中使用标准化接口。这样对业界来说是两全其美的。

1.7　以多种方式展望未来

在这个介绍性章节中，我们尝试了很多事情：让读者了解为什么边缘很重
要，定义什么是边缘，以及讨论各种生态系统参与者的角色，包括标准和开源。
这是一个高层次的概述，本书的其余部分对这些主题进行了更深入的探讨——
试图在前言中写下整本书是不可能的，也是愚蠢的。

我们还希望能够提供足够的历史视角，让你感觉到边缘计算，特别是
MEC，并不是一个突然出现的激进的新想法。相反，它是几个现有的和长期发

展的链条的综合，这些链条聚在一起解决一个新的需求。它们的同时出现并不是偶然的，而是由非常相似的时间线驱动，也就是说，技术的成熟使边缘计算在经济上可行，并结合了潜在市场需求的出现。

话虽如此，如果你读完前言，以为围绕边缘计算的主要问题已经解决了，那就错了——事实远远不是这样。正如我们将在接下来的章节中看到的，已经基本解决的是如何建立一个单一 MEC 站点的技术问题，即接入网上的一个单一边缘云，接入网流量有某种形式的中断，上面运行有一些简单的应用程序。换句话说，我们（广泛的电信和云计算社区）知道如何构建概念验证和现场试验。

一旦投入生产，我们将不得不管理成千上万个小云。没有人真的知道应该怎么做。谷歌管理着世界各地的几十个大型云，而不是成千上万个小型云。在许多情况下，这些云将运行来自彼此不信任的实体的工作负载（按照"信任"的正式定义方式），其中一些实体运行构成关键的、实时监管的基础设施的软件应用程序，而其他实体则运行游戏等内容。它们是如何工作的？有一些潜在的答案，但没有"最佳实践"——因为还没有大规模的"实践"来支持从中选择出一些"最佳"的实践。

当这些云确实构成了关键基础设施的组成部分，或者仅仅是"重要"基础设施，它们会如何失败呢？我们需要做些什么来定位故障？回想一下，物联网是边缘计算的一个主要用例，这意味着边缘计算将在我们的生活中普及。正如许多最近的例子所表明的那样，复杂系统以我们无法理解的复杂方式失败，而且发生这种失败的灾难性后果比我们想象的要频繁得多（参见 Nicholas Taleb 在《反脆弱》一书中的讨论，参考文献 [13]）。大规模分布式计算使这些系统更加复杂。如果你们中的任何人，正在寻找一个具有挑战性和影响力的博士学位研究课题，那选它就对了。

除了失败之外，我们还需要关注安全，但不仅仅是传统的云安全。对于网络意义上的"云"中数据的访问，我们担心的是有人通过盗用用户凭证、获得管理员对管理系统的访问权限等获得对这些数据的访问。但对于使用边缘计算，我们还需要担心物理访问——确切地说，是对众多云站点之一的未经授权接入。预防虽然至关重要，但由于规模如此之大，而且大多数站点的位置在本质上不如云提供商的数据中心那样安全，其作用十分有限（只能走到这一步）。如何检测入侵？如何保护敏感数据？恢复机制是什么？

同时，边缘计算在安全系统中可能是一项巨大的资产。例如，众所周知任播（Anycast IP）路由是一种有效的抵御拒绝服务（Denial-of-Service，DoS）攻击的缓解策略，特别是分布式 DoS 攻击。然而，基于任播的 DDoS 缓解的有效性取决于是否有一个高度分布式的基础设施，不仅是在端点（假设云提供商可以在数据中心的许多计算节点上提供多个端点），而且包括到端点的路径。由于物理原因，这很难实现——最终，流量必须集中在云所在的一个或几个物理站点上。边缘计算并非如此——大型 MEC 网络固有的规模和物理分布自然适合基于任播的 DDoS 防御。

然后，还有一个挑战是如何编写利用边缘这一优势的应用程序。我们知道它们可能应该依赖 RESTful 微服务，但实际上不是非常依赖。从非常实用的方法（参见参考文献 [12]）到分布式计算潜在能力的基本问题[14]（即，它是否能够以及如何完全实现图灵机所能实现的一切），分布式云计算的挑战仍没有得到广泛的研究，尽管关于分布式计算的大量现有工作必然是相关的，而且也许边缘才是诸如 ICN 之类的网络 / 计算范式找到其真正应用的地方。亚马逊将它的无服务器计算命名为"Lambda 函数"，而 AWS Greengrass 目前在边缘支持的正是"Lambda 函数"，这并非偶然。

边缘的社会影响也不为人知。从商业案例和策略这样的普通话题（我们将更详细地讨论这些话题）到更深入的问题，即无处不在的边缘云如何影响社会，人们对此的研究和了解都很少。然而，很明显，通过将灵活的通用计算放在边缘，并实现适当的通信和管理，MEC 可以产生重大影响。从将云技术带到全球服务不足的地区，到诸如 Sigfox 的"Seconds to Save Lives"中的倡议，MEC（通常与物联网结合）能够以我们当前无法想象的方式重塑我们的生活。

这就把我们带到了讨论的最后一点——虽然 MEC 的一些用途将要出现，因为社会需要它们，但大多数需要坚实的商业考虑来驱动。简言之，各方都需要了解如何盈利。这一点尤其困难，因为 MEC 需要庞大的规模才能兑现其承诺。在一个城市的市中心有十几个 MEC 站点只是一个试点部署，而不是一个商业上可行的事业。这样的规模需要巨额的投资，而如果不了解如何从这些投资中获得回报，那么巨额投资是不可能发生的。虽然 MEC 的这些业务方面目前已经得到了很好的理解，我们将在本书中更深入地探讨某些部分。

第 2 章

MEC 介绍：网络中的边缘计算

在本章中，我们将介绍 ETSI 多接入边缘计算（MEC）标准，以及相关的组件和主要的技术实现因素（同时将讨论与 ETSI 网络功能虚拟化（NFV）标准的一致性）。此外，我们还将提供 MEC 服务场景的概述，以便向读者提供一套由 MEC 支持的合适的用例。

那么，MEC 到底是什么？它看起来像什么？它是如何工作的？在介绍性讨论中，我们认为这不仅仅是在网络旁边的某个地方放置、计算和存储，并将它们插入到同一个以太网交换机中。现在是时候深入了解 MEC 的真正含义了。我们从参考文献 [15] 中定义的 ETSI MEC 参考框架和参考架构开始。

如图 2.1 所示，参考框架是一个很好的起点，它展示了组成通用 MEC 系统的基本组件。我们注意到，这个框架中使用了"移动边缘……"术语表示 ME。规范的更新版本预计将换成更通用的"多接入边缘……"术语。为了避免混淆，我们将简单地使用缩写"ME"，它可以同时指代两者。

从底层开始，我们注意到"网络级"，其中 ETSI 定义了 3 种类型的网络：

- 3GPP 网络。这是 3GPP 定义的某种类型的接入网。它的亮点在于 3GPP 定义的网络在移动网络空间中的相对重要性，以及这些接入网是 ETSI 最初工作的重点的重要事实。
- 本地网络。这是指由通信服务提供商操作的某种其他类型的接入网。例如：提供商管理的 Wi-Fi 接入或固定宽带接入。

● 外部网络。这是由第三方运营的网络，通常是企业网络的预留位置。

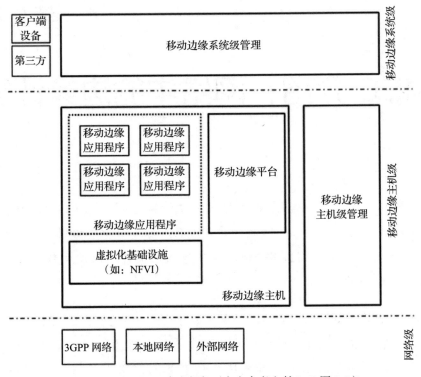

图 2.1   ETSI MEC 参考框架（来自参考文献 [15] 图 5-1）

"网络级"与"ME 主机级"相邻，该层级包含通常驻留在边缘位置的实体。这包括虚拟化基础设施，即计算池、存储池和网络资源池，以及抽象和虚拟化这些资源的能力（例如：用于计算的 Hypervisor、用于联网的 OpenFlow 交换机）。使用虚拟化基础设施的是一个 ME 平台（MEP）和许多应用程序。还有一个包含许多实体的管理空间。

最后，"ME 系统级"包含一些系统级管理实体，这些实体可通过第三方应用系统或直接从用户端（UE）访问。这一级的实体可能是集中的。

为了进一步了解 MEC 系统是如何组合在一起的，我们转向参考架构，这也在参考文献 [15] 中进行了定义，如图 2.2 所示。

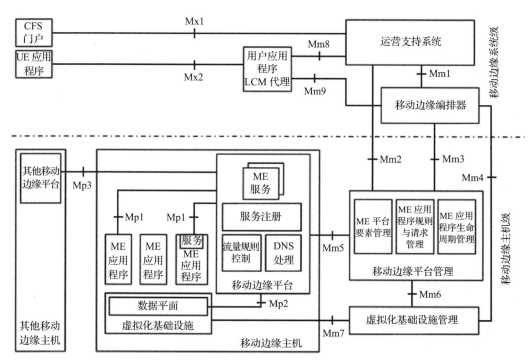

图 2.2　MEC 参考架构（来自参考文献 [15] 图 6-1）

从图 2.2 可以直接观察到，"网络级"已经消失。这反映了这样一个事实，即网络本身的操作和与 ETSI MEC 定义实体的接口都不在 ETSI 的范围内。标准中"参考架构"的目标是为标准的各组成部分如何组合在一起提供参考，在 ETSI MEC 的情况下，由于网络级实体超出了 ETSI MEC 的范围，因此没有必要在参考架构中显示这些实体。

另一方面，ME 主机级和 ME 系统级都得到了极大的扩展。虽然 ETSI 这样做的主要原因是在更大的范围内正确连接由其定义的各种标准，但对我们来说，这是一个有用的 MEC 系统设计参考，我们将照此使用。

2.1　ME 主机：魔术发生的地方

与参考框架一样，我们从底层开始，一直到顶部。我们看到了 ME 主机，现在将对其进行更详细的展示。在大多数实现中，这个功能组件对应于一个支持 MEC 的边缘云站点。因此，它包含虚拟化基础设施（即通用计算和存储），其中还包括"数据平面"，即通用的网络抽象，如 OpenFlow。对于后者，我们注意到从 ME 平台到被称为 Mp2 的"数据平面"的一个参考点（即一组接口）。这是 ME 平台控制数据平面的一组接口。这个描述和我们使用 OpenFlow 作为数据平面的例子，可能会导致一些读者推断 ME 平台应该包含 SDN 控制器。事实上，这只是一种潜在的实现方法——多种可能性中的一种。数据平面 /MEP 还可以包含 3GPP 5G 用户面功能（UPF）的某种非 SDN 实现以及另一种选项。ETSI MEC 标准集并未定义该实现方面。此外，鉴于 Mp2（OpenFlow 南向接口，3GPP 等）的可用选项数量，ETSI MEC 根本没有指定 Mp2，而是支持任何合理的方法。

进一步研究 ME 平台，我们注意到有很多功能是 ETSI MEC 确实假定其存在的，特别是"流量规则控制"功能、"DNS 处理"功能和"服务注册"功能。它还表明可能存在其他"ME 服务"。这些表示 ETSI MEC 需要 ETSI MEC 平台向运行在 ETSI MEC 主机上的任何应用程序提供的一些关键服务。虽然 ETSI MEC 没有定义如何实现这些服务，但它确实详细地定义了这些服务是什么。这些定义可在 MEC 011[16] 规范中找到，包括以下所需服务：

- ME 应用程序管理。这是一组基本的服务，允许启动和终止 ME 应用程序。
- 服务注册。这组服务允许应用程序发现在本地主机上有哪些服务可用，如何连接到它们（例如：URI 端点是什么）。它还允许应用程序注册它们可能提供的服务。
- 流量规则管理（敏锐的读者应该能够直接联想到"数据平面"的管理）。
- DNS 规则管理，通常用于将 URI 和 FQDN 信息解析为可用于使用流量规则管理服务配置流量规则的信息。
- 流量信息查询服务。尽管基于 HTTP 传输的 RESTful 服务是 ME 系统中的默认传输方法，并且需要 ME 平台来支持它们，ME 平台也可以提供其他传输选项（例如：消息队列）供应用程序和服务使用。此服务允许应用程序和服务了解可用的传输方法。
- 每日服务时间。此服务用于获取 ME 平台的定时并与之同步。

所有这些服务都在 Mp1 参考点上公开，因此 MEC 011 是该参考点的规范。

最后但同样重要的是，ME 主机包含 ME 应用程序。图 2.2 中显示了 3 种，因为事实上它们可能具有 3 种不同的风格。

第一种，也是最简单的 ME 应用程序类型，最好的描述是"云应用程序"。它消耗虚拟基础设施资源（主要是计算和存储），但不使用平台上的任何服务。对于这样的应用程序，ME 主机只是另一个云站点。产生此类应用的用例是已知的。在前言中提到的用例使用边缘云作为分发云应用程序的手段，以抵御 DDoS 攻击。然而，这样的应用预计将很少见。在大多数情况下，应用程序（或者更确切地说是应用程序组件）位于边缘，部分原因是因为它们需要访问同一位置的边缘网络上的流量。但是，ME 应用程序不应直接访问虚拟基础设施的"数据平面"部分。从应用程序的角度来看，数据平面应该只能通过 ME 平台（通过 Mp1）来访问。

这就引出了第二种类型的应用程序，它可能是最常见的一种。这是一种了解 Mp1 上的服务并利用它们的应用程序。至少，这种应用程序应该利用 DNS 规则管理和流量规则管理服务。它可能需要也可能不需要使用 MEC 011 中定义的其他服务。

第三种类型的应用程序定义自己的服务供其他应用程序使用。然后，它将使用 Mp1 提供的服务注册表来提供服务并为其他应用程序配置访问参数。这使得服务供应商能够提供广泛的增值服务，运营商可以提供丰富的服务选项。ETSI MEC 特别认识到，虽然将所有此类潜在服务标准化是不合理的，但标准化以下内容是有益的：

- 关于如何公开这些服务的一套通用规则集。这个定义参见 MEC 009[17]。
- ETSI MEC 认为有广泛需求的一个服务 API 子集。这些都被标准化为可选的 ME 服务，ME 平台实现可以（但不是被要求）在 Mp1 上提供。目前，ETSI MEC 定义了 4 种可选服务：
  - 无线网络信息服务（RNIS），在 MEC 012[18] 中标准化，并为运营商提供了公开有关 3GPP 定义的网络的丰富信息集的能力。

- 位置 API，在 MEC 013[19] 中标准化，主要基于 OMA[20-21] 和小蜂窝论坛 [22-23] 的早期工作，让运营商拥有了提供丰富的和情景相关的位置信息的能力，包括"分区存在概念"。
- UE Identity API，在 MEC 014[24] 中定义，为企业环境中的身份解析提供了一个很小但至关重要的 API（有关详细信息，请参见参考文献 [25]）。
- BW 管理 API，在 MEC 015[26] 中定义，允许运营商对应用程序流量提供不同的处理。

其他服务目前正在 ETSI MEC 内进行标准化，该组织可能会继续通过服务 API 标准化来持续满足行业需求。

2.2　魔术师的工具箱：MEC 管理

现在让我们将注意力转向如何管理 ME 主机。为了理解 ETSI MEC 的总体管理理念，我们需要回顾一下，一个典型的 MEC 系统可能包括数百或数千个边缘站点（即 ME 主机站点）。它们连接到一个集中的实体或通过某种类型的广域网（WAN）链路互连。从云环境的角度来看，这些链路通常非常糟糕。与典型的数据中心互连相比，它们的吞吐量受限（太慢）、延迟受限（耗时太长），而且并不可靠（太容易发生故障）。因此，将数据中心云管理框架简单地转换为 ME 系统可能会失败。

ETSI MEC 认识到这一问题，并启用了一个管理框架，它将管理功能分散到每个 ME 主机上的分散组件和 ME 系统中的一个集中式组件。值得注意的是，这样做是为了使与关键云管理框架（例如 ETSI NFV）的集成尽可能简单。不过，让我们暂时把这个话题放在一边，只关注管理框架的实际作用，或者更确切地说，ETSI MEC 定义了哪些服务，以便实现高效的功能管理框架。

让我们从关注主机中的内容开始。图 2.2 显示了一个虚拟基础设施管理器（VIM）的存在。如在 NFV 中一样，这被认为是一个相当经典的虚拟化堆栈。但有一个警告，"开箱即用"的 OpenStack 或 VMware 堆栈在 MEC 环境中可能无法正常工作。由于它们是为管理数据中心中的大量计算节点而设计的，因此它们通常会占用相当多的计算资源（当总池很大时这不是问题），并假定所有计算节点、存储卷之间已具备 LAN 类型（高吞吐量 / 低延迟 / 低故障）的互连。这些假设可能使得在每个边缘站点中定位一个完整的 VIM 堆栈变得不切实际——这样一个堆栈的资源开销可能太昂贵。同时，这些堆栈在 WAN 类型的链路上无法正常工作，因为 WAN 类型的链路比数据中心 LAN 链路具有更低的吞吐量、更高的延迟和较高的故障可能性。这些堆栈的各种开发者（包括开源的和商业的）都认识到了这一局限性，因此正在开发新的 VIM 架构，允许将大部分 VIM 放在 ME 主机之外的集中位置。此类当前工作的例子包括 OpenStack 在解决这个问题上所做的相关工作，例如它们关于这项工作需求的白皮书[27]，VMware 在这方面也有所投入[28]。

重要的是，将 VIM 的某些部分移动到 ME 系统级会使 ETSI MEC 参考架构在这方面不准确。这可能会影响在 Mm4、Mm6 和 Mm7 参考点上定义的 API。然而，ETSI MEC 实际上并没有在这些接口上定义 API，因为 API 总是由 VIM 的生产者定义的。

这使 ME 平台管理器（MEPM）成为主机中关键的 MEC 定义的管理实体。该实体负责 MEP 的生命周期管理以及主机上运行的所有应用程序，包括所有监控、故障和性能管理，还包括应用程序对服务、流量和云资源访问相关策略的应用 / 实施。所有这些操作都应集中协调，这使得 MEPM 在 Mm2 和 Mm3 参考点上提供的服务对于有效管理至关重要。MEC 010-1[29] 和 MEC 010-2[30] 规范对这些服务进行了全面的定义，前者用于管理 MEP 本身，后者用于对主机上运行的应用程序进行管理。

Mm2 和 Mm3 参考点允许 MEPM 向 MEC 系统空间中的两个关键集中管理实体（ME 编排器和运营支持系统（OSS））提供服务。

如参考文献 [15] 所述，ME 编排器负责以下功能：

- 根据已部署的移动边缘主机、可用资源、可用的移动边缘服务和拓扑结构，维护移动边缘系统的总体视图；
- 应用程序包的发布，包括检查应用程序包的完整性和真实性；

- 验证应用程序规则和要求，如有必要，对其进行调整以符合运营商策略，记录已发布的软件包，并准备虚拟化基础设施管理器来处理应用程序；
- 根据延迟、可用资源和可用服务等限制条件，为应用程序实例化选择合适的移动边缘主机；
- 触发应用程序实例化和终止；
- 在支持时，根据需要触发应用程序重新定位。

OSS 是运营商网络中的关键管理实体，负责大量的功能。然而，与 MEC 相关，OSS 负责处理和批准应用程序实例化、终止或重新定位的请求。这些请求可以通过面向客户的系统（CFS）门户（该门户是云应用程序提供商的接口）或从移动设备提供。

让 UE 直接向 OSS 请求应用程序实例化（或终止）会带来许多潜在的安全问题。事实上，这将是一个全新的 OSS 门户——以前从未有客户端设备能够与 OSS 进行交互，但这从来都不是必要的。然而，对于边缘计算，确实需要客户端设备请求在特定边缘主机上实例化应用程序实例，因此交互是必需的。ETSI MEC 参考架构通过定义一个用户应用程序代理功能来预测这种需求，其目的基本上是充当客户端设备和 OSS 之间的安全网关。然后 ETSI MEC 将一个来自 UE 的 API 标准化到这个代理中，这在 MEC 016[31] 中指定。

2.3   ETSI MEC 和 ETSI NFV

尽管所有 ETSI MEC 规范的定义都是为了使自包含的 MEC 云能够存在于不同的云环境中，但是 NFV 在电信领域的主导地位使得确保符合 MEC 的系统能够在基于 NFV 的系统中部署和运行变得极其重要。为确保这一点，ETSI MEC 对 ETSI MEC 和 ETSI NFV 的共存进行了研究，其结果为 GR MEC 017[32]。这项研究确实发现了一些小问题，在本书出版时，ETSI MEC 和 ETSI NFV 正在为这些问题制定解决方案。然而，更重要的是，这项研究得出结论并说明，即使在没有充分解决所有已确定的问题的情况下，总体的一体化方法也应该是直接可行的。这种方法总结如下：

- MEP 和 ME 应用程序都是 VNF。
- MEPM 充当 MEP 和任何没有自己的元素管理器（EM）的应用程序的 NFV 元素管理器。
- NFV 管理方面由符合 ETSI NFV 的 VNFM 提供。值得注意的是，在实际实现中，如果需要，许多 MEP/MEPM 供应商选择在 MEPM 中包含 VNFM 功能。
- 首先需要在每个 MEC 主机中实例化 MEP VNF。因此，NFVO 需要了解这一要求。
- MEC 10-2[30] 中定义的应用程序描述符包（AppD）是对 VNFD 的扩展，然后提供给这些应用程序的 EM（即 MEPM）。

2.4　MEC 用例和服务场景

尽管 ETSI-MEC 标准包旨在实现一个能够支持几乎任何应用程序的通用边缘云系统，但了解标准起草者在起草各种引用规范（以及其他即将发布的规范）之前所考虑的用例和服务场景是很有用的。在这里，有两个文件特别有用。第一个是 MEC-IEG 004[33] 规范，专门用于服务场景。第二个是需求规范 MEC 002[34]。虽然 MEC 002 的正式章节仅包含其他 MEC 规范需要解决的正式规范性要求，但该文件包含了一个广泛的附录，列出了在标准化过程中用于派生需求的各种用例。

让我们从服务场景描述开始。顾名思义，它们的范围更广，因此对于理解需要 MEC 的领域的范围时更有用。MEC-IEG 004 提出了以下 7 类用例：

- 智能视频加速
- 视频流分析
- 增强现实
- 密集计算辅助
- 企业
- 联网车辆

● 物联网网关

虽然它不是一份详尽的清单，也并不想成为一份详尽的清单，但该清单确实让我们更好地理解了那些要么需要 MEC，要么将从 MEC 中获益的应用范围。下面让我们更深入地了解这些用例。

2.4.1   智能视频加速

虽然智能视频的内容和它本身都很重要，但是这个服务场景突出了边缘计算的一个重要事实。在 MEC 站点上出现一个计算量很低的非常简单的应用程序组件，通常会对整个应用程序的性能产生巨大的影响。这个特定的服务场景关注于这样一个事实：随着媒体交付过渡到基于 HTTP 的传输（在 L4 层使用 TCP），我们越来越多地遇到与在无线网络上使用 TCP 的各种已知低效率有关的性能问题。通过在边缘添加吞吐量引导组件，应用程序可以根据无线网络的条件适当调整其视频编解码器和 TCP 参数，从而从各个角度（用户体验和网络负载）提高视频传输的性能。

那么，在这种情况下，在边缘到底要做些什么呢？当然，基于边缘的视频编解码器会做得很好，但关键是，这不是必需的。正如 MEC 002（使用 A.2）中第一个用例所强调的，我们所需要的只是一个"吞吐量指导"服务。这种服务只需简单地读取无线网络信息（使用参考文献 [18] 中定义的 RNIS 服务）并将所提供的信息转换为"指导报告"，该报告被发送到云中其他地方的视频编码器 / 转码器。可选地，吞吐量引导组件还可以配置流量规则，以确保在无线网络条件下（例如：它可以在基于移动 RAN 的接入和基于 WLAN 的接入之间作出决定）对应用程序的流量进行适当的处理。

2.4.2   视频流分析

如果第一个服务场景关注的是将视频下载到设备，那么第二个场景关注的则是与视频上传相关的问题，特别是在有很多设备上传这样一个视频的情况下。考虑一个监控系统，该系统由多个摄像头和一个基于云的视频分析系统组成。

这样的系统需要传输多个（通常是高带宽）视频流来进行特征提取和分析。此外，实际感兴趣的特征本身通常可以从整个视频流的很小的一部分中获取。这意味着一个自然的基于边缘的预处理步骤会导致系统执行以下操作：

- 在边缘，对原始视频图像进行处理，仅提取包含相关特征的信息。
- 提取的信息被转发到云端，云端对提取进行进一步的图像处理，然后进行分析。

图 2.3 演示了这种方法。

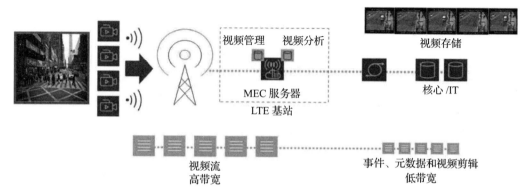

图 2.3　实现视频分析服务场景的系统示意图（来自参考文献 [34] 图 2）

边缘处理的复杂度可以进一步降低。例如：考虑一个在边缘具有预处理组件的面部识别系统，该系统被设计成丢失人脸的概率较低，但是可能具有非常高的误报概率（即当某个物体不是人脸时，却将它指示为一张人脸的概率）。

由于人脸通常是整个视频流中的很小一部分，因此该系统仍然能够将整个上游数据需求减少一到两个数量级，从而极大地改善整个系统的负载。然而，由于我们允许较高的误报概率（让更复杂的最终处理步骤来纠正我们的错误），因此预处理步骤可以相对简单，并且计算量较小。值得注意的是，这类解决方案已经被业界付诸实践，参见参考文献 [35]。

2.4.3　增强现实

我们的前两个服务场景与管理客户端设备和云应用程序之间的数据传输有

关。然而，在某些情况下，应用程序本身应该是本地的，因为它所做的几乎所有事情都是超本地化（hyper-local）的。各种增强现实的应用程序就是一个很好的例子。例如：当智能手机或观看设备（智能眼镜）指向博物馆对象时，智能博物馆增强现实应用程序可提供附加信息，或智能安全帽可将关键信息（如接线图）投射到现场技术人员的组件上（受 Guardhat© 概念的启发：www.guardhat.com）。在这些情况下，大多数数据都是超本地化的——它只与物理对象非常接近——物理现实是"增强的"。因此，从最终用户 QoE 的角度、网络性能的角度，甚至是系统设计的角度来看，将这些数据的处理和交付放在本地是有意义的。

2.4.4　密集计算辅助

从前面提到的三种服务场景中，我们可以得到这样的印象：MEC 完全是关于视频的。事实上，视频上的各种操作确实是 MEC 的一个重要应用领域。这是因为视频通常是三重威胁的一个极端例子——它需要高带宽和低延迟（当在某些 AR 应用中涉及实时性时），并且是流媒体，这意味着它对抖动非常敏感。最后，正如我们所指出的，在边缘通常确实需要视频处理支持。然而，视频仍然只是一个更广泛的用例和应用程序的实例，在这些用例和应用程序中，边缘存在和 MEC 功能将是必需的。我们的下一个服务场景就是这种情况。

考虑一个客户端设备，它需要执行一个复杂的计算，而它根本没有计算能力来执行。或者即使它具备计算能力，在这方面花费的电池电量也令人望而却步。这种方法的现代解决方案是将这种计算转移到云上，但是如果不能这样做呢？通常，尝试在客户端设备上进行计算，是因为分流到云上不可行——因为延迟、吞吐量或其他一些约束（例如：数据需要保存在企业的边界内）。

通过将类似云的计算资源池放置在非常靠近客户端设备的位置，边缘计算为这个问题提供了一个解决方案。的确，边缘云的计算能力可能远低于"深云"的计算能力。不过，边缘云很可能是用真正的云级计算节点（即真正的服务器）构建的，并且这些节点将被集中起来。大多数边缘云的功能可能远远超过任何客户端设备。因此，边缘实际上是"就在那里"来执行一些繁重的计算提升工作。另一方面，一个设计良好的应用程序将采用更智能的方法，识别那些必须留在边缘的计算，只将它们推到边缘云中，同时继续在深层云中进行其余的计算。

2.4.5　企业背景中的 MEC

这个服务场景体现了一个特定的背景，即在私营企业环境中，MEC 将会蓬勃发展——事实上，MEC 已经被使用了。从最简单的应用，如 IP-PBX 和移动系统的集成（所谓的"统一通信"），到广域网的虚拟化，再到在企业的小型分布式位置（如零售店或加油站）的边缘云的部署，企业对 MEC 的需求是巨大的。在撰写本书时，企业是迄今为止最大的 MEC 商业应用领域，包括工业物联网（MEC 成为大规模物联网边缘解决方案）和医疗保健等领域。

值得注意的是，许多企业拥有广泛的传统边缘云，并且已经存在了一段时间。当然，我们谈论的是企业自己的私有云，它通常与最终用户非常接近（就网络拓扑而言）。这就引出了企业是否需要 MEC 的问题。答案是"是的，绝对需要"，而需要 MEC 的原因与前面列出的应用程序有关。虽然企业有自己的云（或租用公共云）来运行其传统业务应用程序，但这样的云无法支持"连接性应用程序"，如 SD-WAN。同时，当企业拥有大量分布式且"连接不良"的站点（与数据中心相比"连接不良"）时，它通常缺乏部署和管理高度扩展的跨这些站点的边缘云的工具。然而，企业级连接性提供商已经解决了这个问题——它在所有这些站点上都运行着"连接性应用程序"。因此，向企业提供边缘云服务已成为一种自然的价值主张。

这个服务场景之所以重要还有另一个原因。它强调了与传统云提供商（如 Amazon Web Services（AWS）和微软的 Azure）集成的必要性。大多数 IT 云应用程序都是为这样的云堆栈而编写的，随着它们最近积极进军边缘市场，这种情况不太可能改变。然而，这并不是对连接提供商的直接竞争威胁，因为云提供商需要连接提供商的 MEC 点来实现其边缘解决方案。此外，企业客户的主要 MEC 关系通常是与连接提供商的，而不是与云提供商的。值得注意的是，满足这一需求的解决方案正在出现，例如 HPE、AWS 和 Saguna 最近的一项研究[36]。

2.4.6   联网车辆

另一个巨大的潜在应用领域是车辆自动化，这个领域中如果没有 MEC 将是很难想象的。该领域需要满足完全自动化所需的严格延迟（参见参考文献 [37]），再加上对多车辆数据的集合进行计算的需求，因此在车辆自动化系统设计中很难没有 MEC。虽然短期内不像企业应用程序领域那样广泛普及，但这一领域（通常称为 V2X）日后很可能会变得更加普遍。此外，由于现实世界和数字世界、公共领域和私有领域以及关键基础设施的融合，这个领域的挑战将是巨大的。

在撰写本书时，ETSI MEC 正在积极应对这些挑战，已经对 V2X 对 MEC 的影响进行了详细研究 [38]，并启动了所需的标准化活动。

2.4.7   物联网网关

MEC-IEG 004 中列出的最后一个服务场景是物联网网关。物联网网关是低功耗物联网传感器和执行器领域中的一项关键功能，通常在独立设备中实现。本质上，它是这些设备与世界其他部分的第一个"接触点"。根据具体的用例和实际物联网设备的性质，它可以服务于多种目的，包括通信聚合（communication aggregation）、计算卸载（computational offload）、身份代理（identity proxy）等。因此，此类设备的物理实现通常是集成到接入网中的通用计算节点。这使它成为一个 MEC 主机。

2.4.7.1   公共边缘云

正如我们所指出的，虽然 MEC-IEG 004 代表了 MEC 服务场景的一个很好的概要，但它绝不是完整的，也不应该是完整的。事实上，有两种服务场景不在 MEC-IEG004 中，但值得一提，因为它们可能对 MEC 的未来至关重要。第一种是公共边缘云，即公共云（如 AWS）扩展到 MEC 系统。正如我们将在第 3 章中详细讨论的那样，这样的场景可以在 MEC 生态系统中发挥重要作用，它支持通常只针对一个或两个全球公共云进行开发的小型应用程序开发者。

值得注意的是，在启用此服务场景方面已经取得了重大进展。我们已经提

到参考文献 [36] 中强调的 HPE/Saguna/AWS 集成。也许更重要的进展是在中国的试验部署，该应用是基于中国联通并集成腾讯云平台的 MEC 系统。有关这方面的一些细节可以从它们的 MEC Proof-of-Concept Wiki 中获得：https://mecwiki.etsi.org/index.php? title=PoC_12_MEC_enabled_Over-The-Top_business。到本书出版时，这套系统可能会在中国得到很广泛的应用。

2.4.7.2　运营商服务支持

这里提到的最后一个服务场景不是很直观，但值得一提，因为它可能是最常用的场景，而且理解如何以经济可行的方式部署 MEC 也是至关重要的。当然，这是对运营商网络服务和应用程序的支持。假设大多数 MEC 站点将托管某种运营商服务并非没有道理。这一事实推动了 MEC 系统设计的许多关键方面，特别是：

- 需要与 NFV 管理框架（无论是 ETSI 还是 ONAP 等替代方案）集成。
- 需要能够支持多个"区域"（例如：通过租户空间），这些"区域"为其租户应用程序提供非常不同的 SLA，并且必须在很大程度上安全隔离。至少，每个 MEC 部署中可能至少有一个"运营商专区"支持基于 NFV 的 SLA 和关键基础设施，至少有一个"公共云区域"或"企业区域"。

由此带来的系统设计方面的挑战虽然是可以解决的，但不容小觑。在本书中，我们将更深入地探讨这些问题，但也请读者参考有关该主题的外部白皮书，例如：ETSI MEC 关于与 CRAN 集成的论文 [39]（我们将看到，这是 MEC 部署的关键驱动因素）。

第 3 章

MEC 的三个维度

本章介绍成功采用多接入边缘计算（MEC）技术应考虑的三个主要方面：部署（使其工作）、操作（使其规模化）和 MEC 的收费 / 计费模式（使其具有商业意义）。

在决定部署 MEC 系统时，我们面临几个挑战——第一个挑战就是如何设计一个既可以满足需求又可以立即部署的系统。正如我们在前两章的讨论中所表明的，这不是一件简单的事情。没有一个单一的标准机构定义一个完整的工作系统。（正如我们所说的那样，他们也不应该这样做！）在写这本书的时候，还没有一个开源社区提供一个相对完整的设计作为起点（尽管有一些社区正在努力实现）。事实上，正如我们的讨论所阐明的，考虑到通信服务提供商（CSP）部署 MEC 的方式具有高度可变的性质，任何一个完整的开源项目都不太可能满足所有 CSP 的需求。

因此，我们面临的挑战是必须建立一个能反映每个特定运营商需求的MEC 系统。本章是关于如何应对这一挑战的，但只是部分内容。本章的一个主要观点是，这个挑战只是三个主要挑战中的一个，它与商业上可行的 MEC系统作为移动网络（或者更确切地说是移动云）的一部分运行有关。事实上，这可能是三种方法中最简单的一种，因为正如我们将要看到的，我们基本上知道该做什么，而且所需的许多技术都不是新技术。另外两个挑战——大规模运营 MEC 系统和使这样一个规模化的 MEC 系统盈利——可能更为艰巨，部分原因是该行业才刚刚开始想办法解决它们。在本章中，我们将指导如何在系统和业务中考虑这些问题。

让我们把这些挑战，或者更确切地说是一系列挑战，看作存在于三个维度（基础设施 / 运维 / 商业）上的决策和设计问题。把这些作为维度来考虑可以清楚地表明，首先也是最重要的是，当涉及 MEC 时这些都是思考的方向。

3.1　基础设施维度

首先从我们确定的维度开始——如何设计 MEC 系统。更精确地说，我们的目标是构建一个类似于接入网的"商业现场试验"，其中边缘云与该网络并置。因为这是一个实地试验，规模将很小，我们不必担心如何将其商业化。但我们确实需要它在商业网络中与商业设备一起工作。

原理上很简单。我们只需将一个小型云连接到位于接入网或其附近的 IP 路由器上，如图 3.1 所示。在本例中，MEC 云只不过是一个标准的边缘计算存在点：它没有任何"MEC 特定"的内容。事实上，对于一些"MEC"部署，例如在企业场景中，IT 云连接到现有的企业网络，并且只需要支持现有的 IT 应用程序就足够了。然而，在这种情况下，向"MEC 云"中的应用程序公开 MEC 定义的服务（例如适当的网络信息服务）也是不可能的。为此，我们需要一个 ME 平台（MEP），该平台被设置为根据需要与接入网进行通信和控制，以提供服务。如图 3.2 所示。

一个更复杂的问题与 MEC 云所接近的接入网的性质有关。对于典型的 WLAN 和大多数固定接入网，离开接入网的流量使用可公开可路由的 IP 地址，因此，图 3.8 和图 3.9 中的图表就足够了。然而，对于移动（基于 3GPP 的）网络，情况并非如此，在这种情况下，离开接入网的流量被隧道传输到基于 GTP 的承载器中。我们在第 1 章中简要地提到了这些挑战（见图 1.2 和与之相关的文本），但这里我们将更详细地讨论它。在这样做的时候，我们需要区别对待 4G 和 5G 移动网络，因为 5G 核心网络的架构使得对 MEC 的支持更加自然。我们的讨论广泛地基于两份专门针对这些主题的白皮书，以及这些白皮书中的参考文献[40-41]。

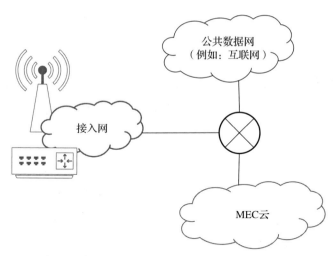

图 3.1　将 MEC 云连接到接入网——最简单的情况

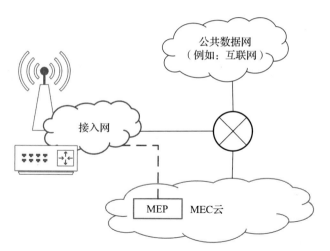

图 3.2　使用 MEP 将 MEC 云连接到接入网

3.1.1　在 4G 网络中启用 MEC

参见参考文献 [40]，我们注意到在 4G 网络中实现 MEC 的各种方法的基本分类，如下所述：

- "线路插件"（Bump in the Wire，BiW）
- 具备本地分流（Local Breakout）的分布式 SGW（SGW-LBO）
- 分布式 S/PGW

● 分布式 ePC

回顾第 1 章的图 1.2，这些代表了 MEC 在 4G 架构中的位置的演进，BiW 将 MEC 云定位在 S1（因此有时也称为 MEC-on-S1），SGW-LBO 将 MEC 云定位在 SGW 和 PGW 之间，最后两项将其定位在 PGW 后面。我们注意到，这里讨论的位置是网络位置，而不是物理位置。

显然，我们有很多选项，而且没有一个选项比其他选项更好或更差。选择合适的选项取决于每个用例的具体情况、目标应用程序以及网络运营商的实际情况。此外，随着网络虚拟化的出现及其对网络切片的支持，运营商可以跨不同的网络切片支持不同的选项。接下来我们总结每个选项，以期让读者做出符合需要的选择。

3.1.1.1 线路插件

让我们从 BiW 方法开始。图 3.3 显示了描述这种方法的架构图。

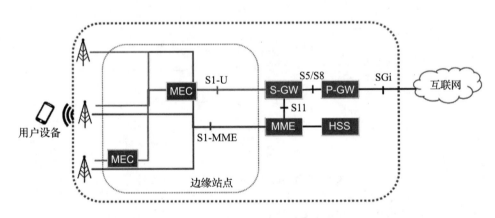

图 3.3   线路插件架构图

顾名思义，这里的一个主要挑战是，这种方法需要 MEP 进行"bump"，即拦截 3GPP 网络中的 S1 接口。这个接口携带 GTP 承载流量，通常使用 IPSec 加密。因此，它要求 MEP 对这些承载者发起"授权中间人攻击"。幸运的是，这样做的技术早已广为人知，通常称为"本地分流"。要实现这一点，MEP 需要访问安全信息（例如：承载密钥问题），以及读取和修改（如果需要的话）S1-C

（S1 接口的控制部分）上的控制信令的能力。这可以通过与核心网络的 MME、PCRF 和其他实体进行适当的交互来实现。合法的拦截、收费和其他要求同样可以得到满足。然而，我们注意到这些操作都不在 4G 标准的范围内，因此，不存在标准化的 BiW 解决方案。

因此，BiW 是一个实施起来很复杂的解决方案，但它有许多好处。首先也是最重要的是，因为不需要自己的 PGW，BiW 方法对连接到网络的移动设备的移动性的影响最小。这可能很重要，尤其是在公共网络用例中，尽管在这种情况下需要解决与 MEC 应用程序的连接问题。它在 MEC 云的物理位置方面也是最灵活的，允许与 RAN 站点（如天线站点和 CRAN 聚合站点）共存。在图 3.3 中，我们通过显示位于边缘云中多个位置的 MEC 云强调了这一点。事实上，这种多级 MEC 也可以采用 BiW 方法。

BiW 方法的另一个好处是，它不需要将核心网络元素移动到边缘站点。这使得它成为部署到现有 4G 网络中的一个好方法，在这些网络中引入边缘计算能力，从而允许使用现有 4G 网络引入 5G 应用程序——关于最后一点的详细信息，请参阅参考文献 [40]。在考虑 MEC 的商业维度时，我们也将回顾这一点。

BiW 方法的另一个好处是其在支持不同模式的 MEC 流量操纵方面的灵活性。参考文献 [40] 定义了三种模式：

- **分流**（Breakout）。在这里，会话连接被重定向到一个 MEC 应用程序，该应用程序要么在 MEC 平台上本地托管，要么在远程服务器上托管。典型的分流应用程序包括本地内容分发网络（CDN）、游戏和媒体内容服务以及企业局域网（LAN）。
- **串联**（In-line）。在这里，会话连接是由原始（互联网）服务器维持的，而所有流量都要经过 MEC 应用程序。串联 MEC 应用程序包括透明的内容缓存和安全性应用程序。
- **点击**（Tap）。在这里，流量被复制并转发到点击 MEC 应用程序，例如：在部署虚拟网络探测器或安全性应用程序时。

因为 BiW 方法可以对 4G 网络的其他用户面透明，所以这三种流量控制方法都可以相对容易地得到支持。

3.1.1.2   具备本地分流的分布式 SGW

SGW-LBO 架构，如图 3.4 所示，对于不想篡改 S1-U 隧道，但又不想为运行在边缘的应用程序部署功能不同的 PGW（从而创建单独的 APN）的运营商来说，SGW-LBO 架构可能是一个不错的选择。

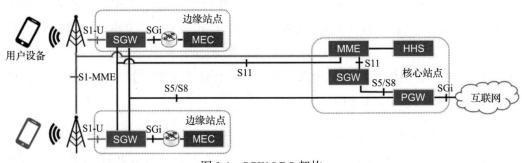

图 3.4   SGW-LBO 架构

此解决方案将 LBO 点移动到 SGW 中，其中 S1 承载自然终止。然后，SGW 得到增强，以支持通过网络指定的流量过滤器进行分流。该解决方案保留了 BiW 方法的大部分功能优势，但其代价是将更复杂的 SGW 引入网络，要求在边缘处存在一个 SGW（因此可能会限制部署到物理 RAN 位置的距离）。我们注意到，这种增强型 SGW 仍未标准化，因此，与 BiW 一样，这种方法需要超越 4G 标准的实现。此外，它对现有的 ePC 不再透明。也就是说，它的引入有些复杂。

3.1.1.3   分布式 S/PGW

将 MEC 点移到 PGW 外部的另一个解决方案，如图 3.5 所示。

在这种方法中，ePC 的所有用户面功能（UPF）都被引入到了边缘站点，MEC 云位于 PGW 的后面。这带来了许多好处。首先，它很简单——从 MEC 的角度来看，它有一种非移动部署的感觉，如图 3.2 所示，MEC 云在可路由的 IP 流量上运行。它也不需要在超出 4G 标准范围的 3GPP 领域内实现。因此，从概念上讲，它更简单。

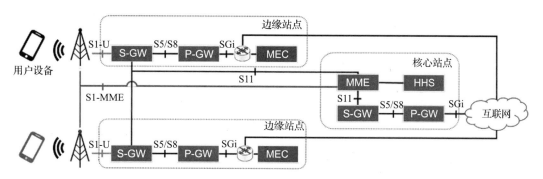

图 3.5　分布式 S/PGW 架构

　　然而，这种方法也有一些局限性。首先，PGW 通常与 APN 相关联。在这里，移动运营商必须决定如何处理这一问题。一个典型网络中，边缘站点的数量可能有数百个甚至数千个。每个站点的 APN 可能有意义，也可能没有意义。然而，对于所有边缘站点，一个单一的 APN 可能也没有意义。因此，在这种情况下，APN 设计可能会成为一个挑战（以前可能从来不是问题）。一个相关的复杂性是移动性——连接到边缘站点 PGW 的 UE 不能移动——PGW 间的移动性不被支持。

　　然而，在一些用例中，这种方法的局限性实际上是优点。例如：当对 MEC 应用程序的访问在地理上局限于一个场所或一个企业站点时，缺乏移动性支持就成了一个优势——你希望一旦 UE 离开指定的覆盖区域，应用程序会话就会中断。这样 APN 就自然与场所、企业等联系在一起。

　　最后要说明的是，分布式 S/PGW 方法代表了控制 / 用户面分离（CUPS）的一个很好的例子，当我们考虑 5G 时，这一点变得至关重要。请注意，所有控制面实体都保留在核心站点，而与边缘 APN 关联的用户面实体则移动到边缘。因此，CUPS 虽然是 5G 核心网络的中心设计原则，但并不是纯粹的 5G 功能。它可以在 ePC 中完成，正如我们在这里看到的，可以代表某些场景下的正确方法。

3.1.1.4　分布式 ePC

　　我们刚刚考虑的分布式 S/PGW 方法的一个特点是，虽然用户面是完全分布式的，但它由一组控制面实体控制：MME、HSS、PCRF 等。在大多数情

况下，这确实是正确的方法，因为它允许运营商继续将其网络作为一个整体
实体进行管理。

但是，在某些情况下，完全分发整个 ePC 可能是有意义的。一个例子是，
一个大型企业客户想要一个全面的"私有 LTE"体验，也就是说，它想要在其
网站上拥有自己的小型 LTE 网络的"外观和感觉"，但使用的是授权频谱。运
营商（持有频谱许可证）可以通过在边缘站点部署一个完整的小型化的 ePC 来
实现这一点，如图 3.6 所示。

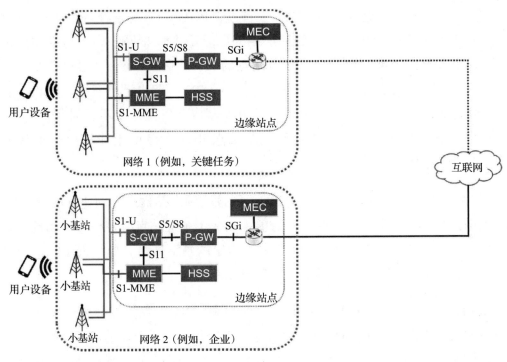

图 3.6   分布式 ePC 架构

这种方法的主要方面类似于分布式 S/PGW，即对边缘 APN 和移动性限制
的需求，除了在这种情况下，这些很可能是"私有 LTE"网络所期望的方面。
此外，如图 3.6 所示，我们可以部署多个这样的网络来支持不同的应用程序和
不同的设备。此外，借助虚拟化，我们很容易通过在同一计算、网络和 RAN 基
础设施上的多个网络切片来实现这一目标。

3.1.2　5G 网络中的 MEC

在我们讨论如何将 MEC 集成到 4G 网络中时，考虑到核心网络（ePC）从未被设计为支持边缘计算，我们重点讨论了如何实现这一点。相比之下，3GPP 在设计 5G 核心网络时，特别考虑了边缘计算的需求。特别是，与 PGW 不同，3GPP UPF 可以位于多个物理位置，并且在不影响移动性的情况下，可以在核心网络内支持大量 UPF。因此，在考虑 5G 网络中的 MEC 时，我们关注的是 MEC 如何与 UPF 和基于服务的架构（SBA）组件进行集成，其中 SBA 组件是用于核心网络控制位置部分的组件。

更具体地说，以下是参考文献 [41] 中重点介绍的 5G 边缘计算的一些关键促成因素，参考文献 [42] 中列出了其完整列表。

- 支持本地路由和流量控制，特别是允许会话有多个 N6 接口连接到数据网络。
- 使应用程序功能（即 5G 核心网络外部的应用程序）能够影响 UPF 和流量的选择和重新选择。
- 显式支持局域网数据网络，在大多数情况下，该网络对应于边缘云。

为了充分理解 5G 网络对 MEC 的支持，我们从参考文献 [42] 定义的 5G 网络架构开始，如图 3.7 所示。就我们的讨论而言，最简单的非漫游情况就足够了。

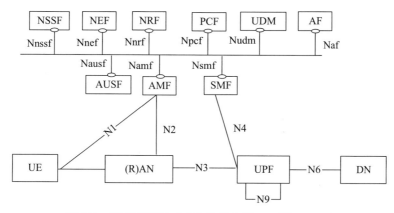

图 3.7　5G 系统架构（来自参考文献 [42] 图 4.2.3-1）

让我们重点介绍图 3.7 中讨论的一些关键要点。首先，我们需要注意用户面和控制面的位置。用户面实际上是图中底部的四个实体：UE、(R) AN、UPF 和 DN，尽管 UE 和接入网（AN，当它是 3GPP 无线接入网时为 RAN）也包含控制面实体。DN 指的是一个数据网络，就像核心网络之外的一些外部数据网络一样。因此，唯一的纯用户面功能就是恰如其名的用户面功能（UPF）。如前所述，这是与 MEC 集成的关键 5G 核心网络实体之一。

其余 5G 核心网络实体都是控制面功能。值得注意的是，它们被显示为位于一个公共"总线"上，意味着一种基于服务的方法。事实上，这是明确的（参见参考文献 [42]，4.2.6 节），技术实现规范 [43] 进一步定义了 HTTP 作为传输机制的使用，并通过定义如何以无状态方式实现图 3.7 中的各种控制面功能，提出了基于 REST 实现的使用（参见参考文献 [43]，6.5 节）。因此，出于我们讨论的目的，将控制面看作使用基于 RESTful HTTP 的传输来实现的可能是有用的。当我们这样做时，应该记住其他传输（例如消息队列）也可能受到各种 5G 核心实现的支持。

这样，5G 网络架构解决了许多挑战，包括将边缘云与移动核心集成，以及对提供 MEC 服务所需的内部移动核心信息的访问。然后，集成问题就变成了如何正确地进行集成的问题，我们将在第 4 章中详细介绍。

3.2　运维维度

现在你已经成功地在网络中部署了一个 MEC 现场试用版，也就是说，你已经实现了 3.1 节中讨论的其中一项，并且你的 MEC 云现在可以访问了。要使此部署具有商业价值，你可能需要在数百个甚至数千个站点上复制此部署。在此过程中，你将面临一系列新的挑战：

- 不同性质的站点需要不同类型的计算。一些站点可以承载相对大量的计算节点，而其他站点可能只能承载一个或两个计算节点。此外，虽然一些站点满足数据中心的环境要求（在冷却、过滤、空间、电源、抗震保护等方面），但其他站点可能不满足。因此，虽然你可以在所有站点上强制实施相同的云架构，也就是 3.1 节中介绍的选项之一，但是你不太可能在所有站点上都应用相同的云架构。

- 站点通过广域网（WAN）链路连接。这一点很重要，因为数据中心内的计算节点使用局域网（LAN）链路互连。与 LAN 链路相比，WAN 链路通常具有更高的延迟和较慢的速度。广域网链路还经常与网络提供商的用户共享流量。因此，它们会过载（尤其是在高峰时段），从而降低网络提供商的服务质量。这些问题非常重要，因为大多数现有的云管理工具都默认局域网互连，因此可能无法用于分布式边缘云（MEC 或其他）的管理。

- 最后，每个 MEC 站点可能需要实际支持多个云堆栈，或者更具体地说是云域。我们将这些域称为 XaaS 域，因为它们可能是"基础设施即服务"域、"平台即服务"域，或这些域的混合体。对多个 XaaS 域的需求是由应用程序需求和商业原因共同驱动的。我们将在 3.3 节中深入讨论商业原因。让我们概述一下这个复杂性来源的应用程序需求驱动。

考虑 CSP 在其接入网络旁边部署的边缘云，事实上，让我们想象这是一个现代（5G 或先进的 4G）网络。此外，我们假设 CSP 想要利用此边缘云来实现以下目的：

- 需要在边缘运行自身的网络服务，以使 CSP 达到所需的系统性能。这些可能包括：
  - 虚拟化 / 云 RAN（vRAN 或 cRAN），可能需要在裸机上运行或使用专用的实时启用的虚拟基础设施。
  - 其他虚拟化网络功能（VNF），例如虚拟 5G UPF，在标准 VIM 上运行时，需要在网络功能虚拟化（NFV）框架内进行管理。
- 第三方（创收）应用程序，可能有不同的风格，例如：
  - 应用程序使用传统的基于虚拟机（VM）的方法进行虚拟化，并期望使用传统的虚拟化基础设施，例如 OpenStack 或 VMware。
  - 使用以容器化微服务集合实现的应用程序，并由 Kubernetes 管理。

显然，CSP 面临挑战。它可以尝试在单个 VIM 下管理所有东西，例如使用 OpenStack。在这种情况下，vRAN 裸机资源将通过 Ironic 技术进行管理，基于虚拟机的第三方应用程序将作为 NFV 域的一部分进行管理，而容器化应用程序将被限制在一个单一的（可能是）大型域中，Kubernetes 仅在该虚拟机中管理资源。虽然理论上是可能的，但是这样的架构决策确实存在一些限制。例如：Ironic 技术的局限性；第三方应用程序不是 VNF，也不旨在成为 VNF 的事实，因此可能会让 CSP 承担将它们装入 NFV 环境的任务；与在 VM 中运行容器相关的性能问题；混合使用网络功能和第三方应用程序的安全性和可靠性影响等。其好处是否大于复杂性是一个应该另外讨论的主题——我们现在的观点是，虽然在某些情况下，这样一个单一的 IaaS 域架构可以工作，但在许多情况下，它可能没有任何意义。如果一个人开始考虑在一个边缘站点内支持多个（且相互竞争的）云服务提供商，如 Amazon Web Services（AWS）、Azure 和谷歌云平台，那么问题就会变得更加复杂。关键是，随着 CSP 们的边缘云的发展，很可能需要对多个 Xaas 域的支持。由此产生的管理系统架构如图 3.8 所示，其中显示了一个具有 K 个 MEC 站点的系统，每个站点支持多达 N 个不同的 XaaS 域。如图 3.8 所示，从 CSP 的角度来看，这需要存在某种本地站点编排单元，该单元连接到位于 CSP 私有云中的集中式站点编排实体。根据 CSP 如何向其租户提供边缘站点基础设施，本地 / 集中式的运维（O&M）可能有所不同。例如：如果 CSP 以裸机级别提供基础设施，则本地站点 O&M 可能只是带外基础设施管理单元（例如：HPE 的 iLO、Dell 的远程访问控制器）或它们的联合体，而集中式的 O&M 则是物理基础设施的综合管理解决方案。另一个例子是，如果将边缘基础设施提供为基于 NFV 的虚拟 IaaS，则边缘 O&M 将成为 ETSI NFV VNFM 和 ETSI MEC MEPM 的组合，而集中 O&M 应包括 ETSI NFV NFVO 和 ETSI MEC MEAO 的功能。

图 3.8 还显示了每个 XaaS 域的 XaaS 域 O&M 的存在——这些域可能位于 XaaS 域租户的私有云或公共云中。举例说明如下：如果 XaaS 域是 Azure IoT Edge，则微软的 IoT 边缘管理系统是该域的 O&M；如果 XaaS 域是 CSP 的 NFV 域，则 ETSI NFV NFVO、ETSI MEC MEAO、服务编排（Services Orchestration）等是该域的 O&M。

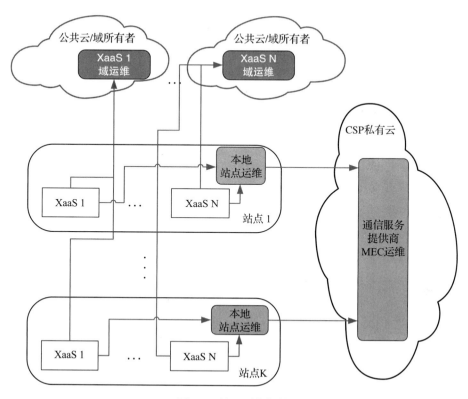

图 3.8　管理系统架构

在这一点上，图 3.8 中所示的架构应该引起一些问题和关注。其中包括与多领域 O&M 相关的复杂性，尤其是让所有这些工作大规模扩展或跨多个行业的参与者时，域 O&M 系统和 MEC O&M 系统之间协调的潜在需求，以及这些系统之间重叠的可能性，这是由于 ETSI NFV NFVO 和 ETSI MEC MEAO 在我们的示例中既作为 MEC O&M 组件又作为域 O&M 组件出现所引起的。图 3.8 和我们的讨论中缺少 FCAPS 数据收集和分析。

尽管这一点可能还不清楚，但考虑到图 3.8 中的 O&M 问题，通过消除跨域以及 CSP 和 XaaS 域 O&M 之间的协调需求，显著简化了 MEC 的多域方面，但仍允许在必要时进行协调。同样，这最好用一个例子来说明。假设 CSP 正在运行基于 NFV 的 MEC 基础设施，KVM/OpenStack 作为底层 NFVI/VIM。作为该基础设施的一部分，CSP 与微软达成协议，在每个站点创建 Azure IoT Edge 存在点，Azure IoT Edge 被分配一个大型虚拟机，它可以在其中运行所有资源。

虚拟机被分配在 NFV 托管环境之外的 OpenStack 租户空间中。在这种情况下，图 3.8 中的架构简化为图 3.9 中的架构。

该系统的一些主要观察结果如下：

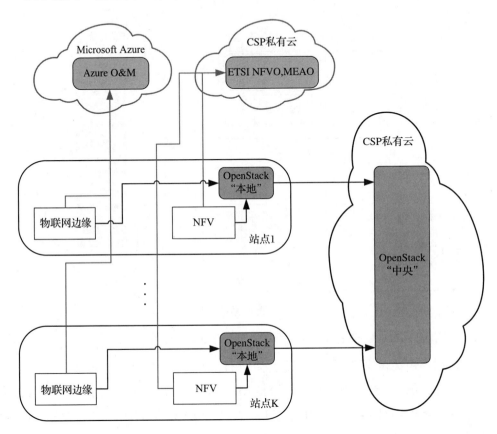

图 3.9   NFV 和 Azure IoT Edge 在 NFV 之外的运维示例

- 明确 OpenStack O&M 与 NFV 和 Azure O&M 之间的**责任划分**。这意味着 OpenStack 在宏观层面（VM）上为 NFV 和 Azure O&M 分配资源。每个虚拟机都可以决定在其中发生什么以及如何发生。NFV O&M 将这些组件组装成 VNF，而 Azure O&M 则进一步将它们分配给在其 VM 内部运行的各种服务中。
- 不同运维参与者之间交互的"**即服务**"方法。尤其是 OpenStack 通过其众所周知的 API 为 VM 管理公开了许多服务，NFV 和 Azure 运维人员随后使用这些 API 来更改他们使用（垂直和 / 或水平扩展）、配置的资源数量，以及监控其资源，等等。

在撰写本书时，这些解决方案还**不成熟**。熟悉 OpenStack 的读者应该注意到，OpenStack 的"本地"和"中心"方面实际上并不可用——至少在本书撰写之时还不行，尽管 OpenStack 基金会和其他地方都在进行这方面的工作。

一个重要的观察结果是，"即服务"的 O&M 交互方法需要一组定义良好的服务 API，这些 API 也应该以某种方式进行标准化，既可以是正式的行业标准，也可以是事实上的标准。在本例中，OpenStack 的 API 是一个众所周知的行业事实上的标准。值得注意的是一些关键的行业标准，以及这些标准何时以及如何有用。注意，这并不是一份详尽的清单。

- Redfish 和相关工作（例如 Swordfish）：这些是 REST API，用于物理计算和存储基础设施的带外管理，正在得到迅速和广泛的采用。
- IPMI：物理基础设施带外管理的旧标准。广泛采用，但很可能被 Redfish 系列标准所取代。
- OpenStack：正如我们在这里的例子中所指出的，OpenStack 的成功，部分是因为它的 API 已经成为一种从 VIM 请求服务的行业标准。
- VMware vSphere API：可能是最重要的私有 VIM 和 API。
- ETSI NFV：也用于管理 NFV 基础设施的 REST API。
- ETSI MEC：用于跨分布式边缘管理基于 NFV 的服务的 REST API（即，当 NFV 部署在 MEC 环境而不是数据中心时，作为 NFV 管理 API 的补充）。
- Azure 堆栈 API：将 Azure 堆栈用作底层虚拟化基础设施和管理器时使用的行业标准 API。

在这一点上，我们还可以问一下，在我们的例子中，如果我们希望所有的东西（包括 Azure 物联网边缘虚拟机）在 NFV 框架下进行管理，会发生什么？也就是说，Azure 物联网边缘虚拟机能否成为单个虚拟机 VNF？这难道不会在"NFV 域 O&M"和"MEC O&M"之间产生冲突吗？答案是不会，如图 3.10 所示。NFV 的"域 O&M"只是消失了——它不再被需要，"MEC O&M"可以处理这个任务。这说明了另一个重要的点——在许多情况下，**可能不需要域 O&M**，并且整个系统得到了极大的简化。

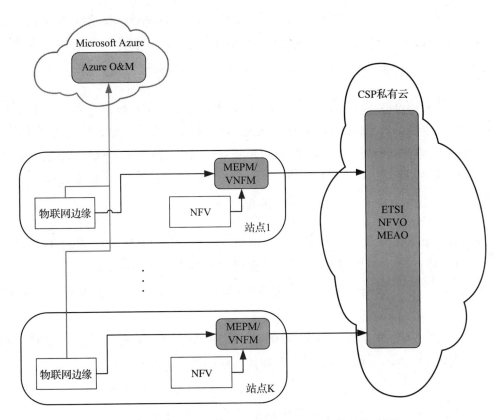

图 3.10   NFV 和 Azure IoT Edge 在 NFV 中的运维示例

如何将站点数量扩展到数百或数千甚至更高？通过确保正确定义"本地站点 O&M"和"MEC O&M"之间的接口，并满足某些要求来解决此问题：

- 无状态：扩展无状态实例比扩展有状态实例要容易得多。此外，它使整个方法对解决通信会话问题的鲁棒性更好。
- 宽松的延迟要求：回想一下，WAN 连接可能会带来高延迟。
- 对通信会话中断的鲁棒性。
- 内置且鲁棒的身份、命名、站点和功能发现、身份验证等系统：以便对站点标识、名称和安全性进行管理。

在这方面，REST 的标准方法（即 REST over HTTP）表现出极好的适应性。它在设计上是无状态的，HTTP 传输在默认情况下对延迟不敏感，并支持强安全性（通过 HTTPS）。它是描述性的，使得站点和功能发现变得简单明了，并且可以使用许多众所周知的鲁棒工具来支持此功能以及身份验证和其他功能。其中包括用于资源（可以是站点，也可以是站点的功能）命名的 URI；用于 URI 解析的 DNS（从而在网络中发现站点）；用于身份验证和相关功能的 OAuth，等等。

值得注意的是，该领域中的大多数 API 解决方案都采用 REST 作为唯一解决方案或默认／首选解决方案，包括 ETSI NFV 和 MEC、Redfish 和 Azure Stack API。定义良好的 RESTful API 反过来又允许定义现代的运维工具，尽管这个行业还处于早期阶段，MEC O&M 解决方案正在兴起。

最后，让我们转到图 3.8 中缺少 FCAPS 支持的问题。这主要是为了清楚起见，否则图表将相当杂乱。读者应假设在系统的所有关键点都有 FCAPS 的数据采集。一个更复杂的问题是这些数据应该在哪里处理和分析。同样，这一决定可能很大程度上取决于每个特定系统的设计，并受到现代机器学习方法（包括深度学习人工智能算法）能力的重大影响。因此，我们可以假设以下几个特征：

- 学习最有可能在集中的运维地点进行。它需要大量的数据集和大量的处理。
- 推理可能会在本地化推理引擎和集中式推理引擎之间进行选择。
- 本地化推理引擎设计用于双重角色。首先，用于初始数据预过滤，旨在限制发送到上游的数据量。其次，用于在延迟很重要的地方做出决策。在所有情况下，边缘推理都应该使用低复杂度的方法。
- 集中式推理引擎用于根据最大可用数据来执行大数据集学习，通常用于调整本地化推理引擎中的参数，并驱动学习。
- 数据应尽可能在运维系统之间共享——现代学习系统在向其提供尽可能多的数据时表现最佳。然而，在大多数情况下，属于不同商业实体的运维系统之间的数据共享可能会受到监管制约、隐私政策和其他商业考虑的严格限制。

让我们总结一下对运维的讨论，并提出一些要点。虽然该行业正处于解决 MEC 运维需求的早期阶段，但解决方案正在出现。然而，通信服务提供商（CSP）很可能需要以一种高度特定于自身需求的方式集成多个部分解决方案，以实现一个完整的解决方案。在这样做的时候，通信服务提供商应该注意一些关键方面：

1）满足上述 MEC 所有独特要求的能力；
2）关键接口的标准化，如图 3.8 所示；
3）这些接口的适当实现，REST API 是一种特别适合的现代方法；
4）设计良好的现代分布式机器学习方法，以支持 FCAPS。

3.3　商业维度

考虑以下几个设计决策：边缘支持的应用程序类型；是否集成来自主要云提供商（如亚马逊、微软和谷歌）的边缘产品；在什么级别提供边缘云基础设施。在很大程度上，正确的方法需要由商业考虑来驱动，这就是我们在本节中讨论的内容。一个好的开始是考虑 CSP 可以用来处理边缘计算业务的宏观层商业模式。参考文献 [44] 对此进行了很好的分析，其中提出了五类商业模式，定义如下：

- **专用边缘托管 / 代管**：CSP 为客户提供机架空间、电源、散热、接入和回程网络连接。它还可以提供云基础设施（这是参考文献 [44] 中考虑的关键点），或者客户可以带来自己的云基础设施，例如 AWS Outpost。无论是哪种方式，客户都可以独占并完全控制一定数量的物理资源。
- **边缘 IaaS/PaaS/NaaS**：在这种情况下，CSP 以云提供商的身份运营，为客户提供分布式计算和存储能力，一个在边缘基础设施和网络服务上开发应用程序的平台，以及以"即服务"方式通过云门户作为客户的 API 和 VNF 界面。
- **系统集成**：通信服务提供商为有特定要求的企业客户提供定制的交钥匙解决方案，这些要求（部分）由 MEC 功能满足。
- **B2B2x 解决方案**：CSP 为企业客户提供支持边缘的解决方案。与现有的

B2B 解决方案一样，这些解决方案可能是为了客户的内部目的，例如：改进现有流程，或者可能有助于终端客户产品（B2B2x）。一般来说，这些解决方案更接近于"现成的"产品，而不是完全定制的产品，因此所需的集成工作比系统集成要少得多。

- **端到端消费者零售应用程序**：通信服务提供商在价值链中处于较高的位置，充当消费者应用程序的数字服务提供商。这一类别中支持 MEC 的服务将利用 MEC 的优点，即低延迟、高吞吐量和上下文感知，为消费者提供创新的应用程序（例如用于现场体育直播的 VR）。

除此之外，我们还增加了第六个类别——"内部运营优化"。在本例中，CSP 使用边缘云来优化其自身的运营（从而降低运营成本或提高客户服务质量）。尽管这种方法"面向内部"，但很可能成为许多 CSP 云计算方法的重要组成部分。

下一步是尝试将这些方法分类为边缘业务。参考文献 [44] 通过研究两个投资回报率指标来解决这一问题。第一种是"比较终值"——实质上是潜在的长期回报。第二个是"三年期内部回报率"——一种衡量近期投资回报率的指标。为了便于讨论，我们将这些简化为"长期机会"和"短期回报"。根据参考文献 [44] 中的讨论，这些可以如图 3.11 所示。定位这些问题的精确推理可以在适当的文献中找到，例如参考文献 [44]，对于每个特定的 CSP 的情况，可能适用也可能不适用。不管怎样，图 3.11 说明的是一个更广泛的观点，这似乎是大多数 CSP 在考虑如何将其边缘部署商业化时普遍存在的观点。

如椭圆所示，理想的方法是找到一种既能提供合理的即时投资回报，又能表现出明显的长期机会的方法。这一点尤其重要，因为部署边缘云通常需要大量投资——回想一下，这样的云可能由成百上千个站点组成。因此，通常需要立即将投资货币化，将其作为纯粹长期投机的赌注太冒险了。另一方面，如果没有明显的长期增长机会，这个商业案例很可能没有吸引力。

不幸的是，如图 3.11 所示，这种方法并不存在。然而，这并不意味着两个目标不能同时实现。许多属于不同业务模式类别的解决方案是高度互补的，边缘云的灵活性允许部署支持不同业务案例的架构。因此，答案是考虑多个业务案例，以实现高利润边缘云的最终目标。

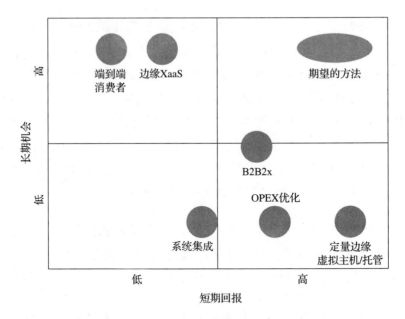

图 3.11   可视化业务模式 [44]

在这样做的时候，一定要小心。并非所有的方法都是互补的，一些早期决策可能会影响长期机会。例如：早期与公共云提供商建立托管关系可能会带来急需的即时收入，但可能会使 CSP 以后更难开发自己的 XaaS 边缘服务。尽管如此，在许多情况下，一种互补的方法是可能的，而且相当容易实施。例如：设想一个 CSP 为了提高其内部 OPEX 而部署边缘云。为了实现这一点，CSP 在其网络上部署了一个基于 NFV 的 XaaS 域。然而，在构建、设计和部署 MEC 云的过程中，CSP 会做以下事情：1）过度配置云资源（计算、网络、存储）；2）采购或开发能够支持多个 XaaS 域的运维工具，如 3.2 节中所述；3）选择能够为潜在的未来部署提供增值 MEC 服务（例如 2.1 节中提到的服务）的 MEP 提供商。虽然 CSP 显然在这种边缘部署上投入了比原本需要的更多的资金，但过度投资的量并不是很大：一些额外的云容量；功能更强大的工具和 MEP，它们的成本可能会更高一些。根据所支持的 VNF 的性质，相比之下，过度投资的金额实际上可能相当小。最大的变数是在规划工作中——通信服务提供商正在规划未来的增长机会，而不必完全预测它们可能是什么。

考虑一下，如果 CSP 现在有兴趣在其边缘云上部署 IoT 边缘服务（例如在云端启用 Azure IoT 边缘存在），会发生什么？其目标是获取基于云的物联网服务产生的部分收入。CSP 的运维系统已准备好支持多 XaaS 环境，基础设施已准备就绪，可用于首次发布，边缘云中的 MEP 已准备好提供这些物联网应用程序增值服务。通过将新的长期业务增长能力引导到能够立即产生回报的 NFV 部署中，原本可能非常昂贵的投机游戏的成本已经降到最低。

前面给出的例子强调了在考虑 MEC 时能够"考虑多个 XaaS"的关键重要性，以及能够访问或能够开发支持这一点的操作工具，正如我们在 3.2 节中讨论的那样。

重要的是，它还指出了 CSP 可以采取的部署其边缘存在的一种方法，该边缘存在提供了图 3.11 中"期望的方法"的有效能力，虽没有任何一个商业案例可以让我们到达那里。该方法是将部署战略定位的边缘云引导到必须完成的事情上，大致如下所示：

步骤 1：确定部署 MEC 的初始"原因"。这个"原因"很可能是一个业务需求，在图 3.11 的右下象限中就属于这种情况。它的确切性质并不重要，只是你应该考虑清楚你的选择对未来任何商业机会的限制。

步骤 2：根据以下原则构建/设计边缘云。1）与步骤 1 中确定的业务需求相关联的应用程序是运行在通用云上的工作负载。这个特定的云域的性质应该适合这种类型的应用程序。2）在每个边缘站点上，至少要支持一个在同一个云域中运行的其他工作负载，以及至少一个不同性质的其他云域（例如 Kubernetes 与 NFV）。3）至少有一个 XaaS 域将由独立于你的 MEC O&M 的域 O&M 管理。

步骤 3：开发/获得支持步骤 2 中设计的解决方案，要特别注意 O&M 解决方案。

步骤 4：开始初始部署时，对 MEC 云进行一些小规模的过度配置，超出步骤 1 中确定的初始"原因"所需的范围。

第 4 章

MEC 与 5G 之路

在本章中，我们将从网络技术的角度分析向边缘发展的所有驱动因素，从关键性能指标（KPI）到新用户设备和终端的发展，并描述对频谱需求（在区域和全球范围内监管）的影响，这反过来决定了新通信技术的成功程度。

4.1 网络向 5G 演进

近年来，我们所看到的数据流量需求的典型增长是一种综合趋势，这种趋势在未来似乎还会继续。许多研究[45-48]事实上证实了这一趋势，并且经常更新旧的预测，因为它们被认为过于保守，而新的估计预测了更高的数据量和流量需求。图 4.1 显示，2016～2021 年，全球移动数据流量将增长 7 倍，复合年增长率（CAGR）达到 47%，2021 年的年流量将超过 0.5ZB（Zettabyte）。因此，移动网络的演进对整个 IP 流量的增长至关重要。

这种巨大的流量需求证实了社会正朝着一个数据驱动的世界迈进，这也是通信网络（尤其是移动网络）演进的自然驱动力。事实上，这种市场需求正在推动通信网络的许多技术要求的提高，而通信网络正迫使整个生态系统（网络运营商、技术和服务提供商）不断在网络基础设施和终端中引入创新元素，以向未来 5G 系统演进。同时，值得注意的是，新网络（如 5G）的实际使用将受到新终端市场的引入的影响，甚至由其决定。新设备的重要性将在本章后面讨论，但在这一点上，值得强调的是，自从智能手机时代以来，这种现象是真实存在的，新设备和性能良好的设备的实际使用起到催化剂的作用，刺激着新服务的创造和消费，从而进一步推动了数据流量需求（这再次推动了网络发展的进一步循环）。

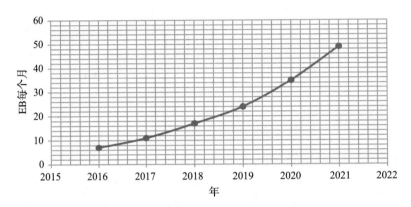

图 4.1   全球移动数据流量增长（来自参考文献 [46]）

总之，我们可以想象一种创新周期（如图 4.2 所示），网络和终端的参与不仅受到流量需求的驱动，而且还作为同一市场演变的驱动力，鼓励数据消耗的增加。正如英特尔前首席执行官 Brian Krzanich 所言，"数据是新的石油"[49]。

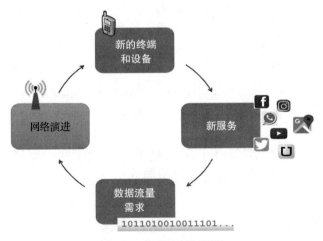

图 4.2   典型的创新周期

典型的通信网络演进，跨越几十年，与各种网络代的采用有关，其特征是存在波动（每一代都有），通常在一段时间的研究和开发（R&D）之后开始，随后标准化，然后对实验活动和试验进行早期引入，逐渐部署到更成熟的市场进行推广和逐步整合（直至自然消失）。

　　图 4.3 显示了过去几代网络（2G、3G、4G）的这些典型波动。不管怎样，作为一个自然的结果，可以对未来向 5G 浪潮的演进做一个合理的预测。当然，没有人能够预测未来，但业内人士普遍认为，考虑到不同代之间的某些相似之处，5G 系统的未来发展也应该有相似之处。

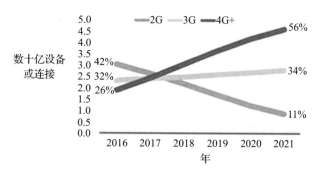

图 4.3　按 2G、3G 和 4G 划分的全球移动设备（不包括 M2M）（来自参考文献 [46]）

　　不用说，这些接入技术（特别是从 4G 到 5G 系统）的发展对于边缘计算的采用至关重要。

4.1.1　5G 系统的网络性能驱动因素

从一般的角度来看，驱动当前通信网络[108]发展的关键特征如下：

- 每个地理区域的移动数据量高出 1000 倍。
- 10～100 倍的连接设备。
- 10～100 倍的典型用户数据速率。
- 能耗降低为之前的 1/10。
- 端到端延迟小于 1 毫秒。
- 无处不在的 5G 接入，包括低密度区域。

这些高层次的需求给出了 5G 性能的概念，在运营层面参考了以前的系统（4G）。读者可能会发现这些需求非常具有挑战性。通过下表（1G～4G 系统的一组 KPI）可以很容易地看出，事实上，在每一代（大约每十年引入一代）中，性能跳变（例如要求的峰值数据速率）都是指数级的。（也受支持新应用程序和服务的需要驱动。）

参数	1G	2G	3G	4G
引入年份	20 世纪 80 年代	1993 年	2001 年	2009 年
技术	AMPS、NMT、TACS	IS-95、GSM	IMT2000、WCDMA	LTE、WiMAX
多接入方式	FDMA	TDMA, CDMA	CDMA	CDMA
速度（数据速率）	2.4-14.4Kbps	14.4Kbps	3.1Mbps	100Mbps
带宽	模拟	25MHz	25MHz	100MHz
应用	语音通话	语音通话、短信息、浏览（部分）	视频会议、移动电视、全球定位系统	高速应用、移动电视、可穿戴设备

因此，5G 系统所需的关键绩效指标是不断演进的市场需求的结果，其驱动因素是支持更具挑战性的流量、更大数量的终端和更多样化的设备（这一方面将在 4.1.2 节中详细讨论）。

更详细地说，在 3GPP 中，业内已经在 SA 层面上对 5G 业务需求进行了研究。目标是开发高级用例并确定相关的高级潜在需求，以使 3GPP 网络运营商能够支持新服务和市场的需求。此外，国际电信联盟在建议 [50] 中定义了 "IMT-2020 的八项关键能力"，为通信技术的技术性能要求 [51] 提供了依据，这些技术旨在实现 IMT-2020 系统的目标（详细要求见附录 4.A）。

从图 4.4 中，读者可以很好地理解未来通信系统的所有需求将是非常不同的。因此，显然不可能同时满足所有流量的这些具有挑战性的要求。相反，每个服务（如 eMBB、mMTC、URLLC）应与某个 5G 网络切片相关联，该 5G 网络切片能够管理特定的流量和所需 KPI 的特定子集（为清晰起见，所有这些都列在附录 4.A 中）⊖。

⊖ 本书没有深入讨论网络切片的概念，但感兴趣的读者可以在 5G 系统架构的 3GPP 规范中找到相关资源 [70]。

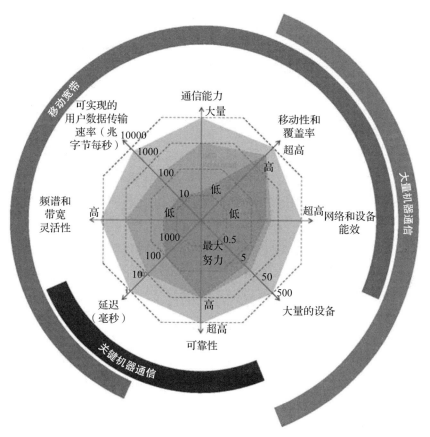

图 4.4　3GPP SA 需求蜘蛛图 [52]

4.1.2　新设备对 5G 系统的重要性

我们已经看到，通信基础设施的发展是多么复杂，以及市场上新设备的引入将如何影响和决定 5G 系统的实际使用情况。因此可以说，新的 5G 基础设施正在推动市场对支持 5G 的终端的迫切需求。另一方面，我们也应该注意到，市场上新产品、新设备型号的推出，往往是新服务的催化剂。回想一下智能手机时代的开始，这种现象尤其真实，它的特点是新一代设备的推出，功能更强大，显示屏更大，但最重要的是更实用、更时尚、更吸引终端用户（与上一代手机相比，通常也非常昂贵）。巨大的销售量（与整合的客户群的兴趣相匹配）产生了大量的连接，并刺激了 4G 系统的实际使用。此外，我们还可以说，智能手机的出现刺激了应用程序生态系统的扩散，不断增长的开发者社区为终端用户引入了大量新服务。在这里，细心的读者可能会注意到，4G 网络并不是专门为这些服务设计的，这些服务后来才出现，它们是由智能手机的出现推动的。

因此，可以从本质上说，4G 的成功（就全球收入而言，证明 3G 部署后所有 4G 投资的合理性）也取决于智慧手机的推出。目前，对于 5G 系统，许多专家同意将垂直细分市场（如汽车、工业 4.0、智慧城市等）视为引入新服务的关键驱动力。但我们不应忘记新设备再次作为催化剂的关键作用。这一次，异构终端、可穿戴设备、传感器和任何类型的连接设备将是 5G 系统实际成功的关键。目前，实际的收入流和相关的具体 5G 业务案例还没有明确界定，但在这种情况下，设备的作用似乎很明显。事实上，如果实际的 5G 服务是由垂直细分市场驱动的（在 4.4.2 节中有更多讨论），新一代设备将需要支持异构需求，例如：不仅有来自人类之间传统宽带连接的需求，还有与新兴的机对机通信、云机器人、工厂自动化、自动化和互联驱动等相关的需求。

总之，典型的创新周期有望再次由新的 5G 设备驱动，这不仅可以证明新基础设施的使用是合理的，而且有可能推动新服务的引入，即使那些新服务至今仍不存在。从这个意义上说，5G 基础设施和终端也应该是经得起未来考验的，并且应该灵活适应新的（和仍然未知的）服务的具体需求。

4.1.3　5G 系统的频谱演变

通信系统成功的另一个关键方面是有可能获得越来越多的频谱。这一需求对于每一代新产品（2G、3G、4G）的推出都是非常关键的，这种需求的相关性非常明显，尤其是对于 5G 系统而言，因为 5G 系统要求的带宽比以前的系统有所增加。此外，在现有技术的基础上增加一个新系统始终是一个至关重要的方面，因为频谱分散（即使在不同的区域级别）是 5G 全球采用的障碍，尤其是当客户在不同国家旅行和移动而需要连接时。因此，频谱需求是由国际机构严格监管的一种资产，会考虑许多需求。

具体而言，下表总结了 GSMA 在 5G 频谱中的主要定位，重点是政府、监管机构和移动产业必须合作才能使 5G 成功 [53]。

1. 5G 需要大量新的协调移动频谱。监管机构应致力于让每个运营商在主 5G 中频（例如 3.5GHz）中有 80～100MHz 的连续频谱，在毫米波波段（即高于 24GHz）有大约 1GHz 的连续频谱。

2. 5G 需要三个关键频率范围内的频谱，以提供广泛的覆盖范围并支持所有用例。这三个频率范围是：低于 1GHz、1～6GHz 和大于 6GHz。
    - 低于 1 GHz 将支持城市、郊区和农村地区的广泛覆盖，并有助于支持物联网（IoT）服务；
    - 1～6 GHz 提供了良好的覆盖率和容量混合优势。这包括 3.3～3.8GHz 范围内的频谱，预计这将构成许多初始 5G 服务的基础；
    - 需要 6GHz 以上才能满足 5G 设想的超高宽带速度。目前，26GHz 或 28GHz 频段在这一范围内得到了最广泛的国际支持。

3. 2019 年国际电信联盟世界无线电通信大会（WRC-19）是实现 5G 超高速愿景的关键，整个过程需要政府对移动产业的支持。

4. 独家授权频谱仍应是 5G 频谱管理的核心方式。频谱共享和未经许可的波段可以起到互补作用。

5. 在 5G 优先频段中为垂直市场预留频谱可能会影响公共 5G 服务的成功，并可能浪费频谱。在垂直市场需要接入频谱的情况下，租赁等共享方式是更好的选择。

6. 政府和监管机构应避免抬高 5G 频谱价格（例如通过过高的保留价格或年费），因为这有可能限制网络投资并推高服务成本。

7. 监管机构必须咨询 5G 利益相关者，以确保频谱授予和许可方法考虑了技术和商业部署计划。

8. 政府和监管机构需要采取国家频谱政策措施（例如长期许可证、明确的更新流程、频谱路线图），以鼓励对 5G 网络的长期大量投资。

　　从边缘计算的角度来看，读者可能会认为多接入边缘计算（MEC）的成功与 5G 频谱管理无关。其实这并不正确。事实上，边缘计算实例本质上离终端用户非常近，因此，在一个通信日益基于移动网络的世界中，移动性是关键，5G 的成功（及其在全球范围内的可用性）对于 MEC 的引入也至关重要。更具体地说，采用低延迟通信（即 3GPP 中的 URLLC 的新无线电）对于由工业自动化、云机器人、增强和虚拟现实、电子健康用例、智能电网、自动驾驶、宽带 PPDR、链路聚集和工业 4.0 环境下的智能制造等几个垂直市场驱动的关键延迟用例尤其重要。这种新的空中接口通常需要许可 / 专用频谱，并且能够确保预定的高性能水平。因此，移动运营商并不是唯一开始将频谱视为资产，作为网络基础设施引入的机构（例如联网和自动化行业）。

此外，未授权频谱的使用、巨大且不断增长的 Wi-Fi 网络以及相关的发展（例如 Wi-Fi 5、Wi-Fi 6）对于购物中心、企业或市政当局，甚至火车和飞机等室内外热点交通场景都是关键。此外，在这些情况下，使用频谱进行 Wi-Fi 连接对于采用边缘计算非常重要。新的 5G 系统还必须在不同级别（如无线链路聚合、路径聚合）更好地集成蜂窝和 WLAN 连接，以便最大限度地利用频谱，为终端客户提供无缝的、更好的用户体验和低延迟环境。

4.2 对 "边缘" 的需求

采用边缘计算的一个关键优势是其接入无关性。事实上，MEC 可以使用不同的通信技术进行部署，既可以是蜂窝网络，也可以是 Wi-Fi 和固定网络。从这个角度来看，MEC 是 5G 系统的关键，5G 系统预计包括在统一的核心网络上集成 LTE 和新的无线（5G NR）接入，以及 Wi-Fi 和固定网络。

接下来我们将从技术角度和一般利益相关者角度描述 5G 的主要 MEC 驱动因素，重点介绍与 MEC 引入相关的一些最重要的 KPI。（因此，4.3 节将介绍 5G 的几个选定用例，而 3GPP 和其他机构的具体技术状态将在 4.4 节中描述。）

5G 中 MEC 的关键驱动因素

引入边缘计算的最常见的关键驱动因素是延迟。实际上，所有利益相关者一致同意，由于在网络边缘引入了云计算，从而与最终用户非常接近，因此 MEC 在提供低延迟环境方面尤其有利。值得一提的不仅仅是 MEC 的延迟。事实上，移动运营商和服务提供商正在逐步确定其采用边缘计算的策略，相对于过去几年，它们采用边缘计算的定位和动机 [54] 正变得越来越明确和详细。

在本书后面（第 10 章），我们将更详细地分析运营商概况，它们将作为 MEC 生态系统中的关键利益相关者。无论如何，我们已经可以预料到移动运营商和服务提供商会将 MEC 视为一种提供两种优势的技术：创收和节约成本。特别是，作为基础设施所有者，它们对以下 KPI 感兴趣（在第 10 章中更详细地描述）：

- 延迟改进（启用新服务）
- 网络利用率和节约成本（通过更短的数据通信路径）
- 能源效率和总拥有成本（TCO）
- 在网络功能虚拟化（NFV）环境中管理计算和网络资源

事实上，大多数运营商正在进行一个向 5G 网络转型的漫长过程，其中包括逐步向完全虚拟化转变。MEC 是这条道路上的关键一步。

细心的读者会注意到，这当然是从创收和节约成本派生的 KPI 的超集。事实上，这里假设 MEC 部署主要由利益相关者预见，并结合 NFV，也就是说，应将边缘计算的引入和相关时间安排与网络基础设施的逐步虚拟化路径严格地结合起来⊖。

4.3 MEC 的示例性用例

边缘计算所支持的用例是多种多样的，因为它们跨越多个细分市场和相关的服务机会，适用于从固定和移动运营商、服务提供商和 OTT 参与者到应用程序开发者、云服务提供商等在内的整个多样化的利益相关者生态系统。事实上 ETSI ISG MEC 已经识别和描述了超过 35 个用例，方便起见，分为三个主要类别 [58]：

1. 面向消费者的服务；
2. 运营商和第三方服务；

⊖ 原则上，MEC 架构 [59] 也允许独立实现，基于虚拟化基础设施，但不一定在 NVF 环境中 [60]。第二种可能性在 MEC 标准化的第二阶段得到了更好的澄清和定义 [61]。

3. 网络性能和 QoE 改进。

这些类别显然只是对目前为止确定的一些用例进行分类的一种方便工具，不应将其视为一种限制。事实上，聪明的读者可能已经注意到，一些用例可能会部分地归入一个以上的类别，而且将来还可能出现未列出和未考虑的服务，例如在将边缘计算更成熟地引入 5G 系统和更高级系统的过程中。顺便说一句，为这些类别至少提供一个论据是值得的，尽管只是一个典型的用例，但它可以让人了解采用 MEC 所带来的潜在机会。

4.3.1   面向消费者的服务

这些通常是直接有益于最终用户（即使用 UE 的用户）的创新服务，可能包括游戏、远程桌面应用程序、增强现实和虚拟现实、认知辅助等。

特别地，游戏（也包括虚拟现实 / 增强现实）应用程序在 5G 部署的早期阶段尤其有趣，同时也给出了在 E2E 延迟情况下向客户提供的服务的具体概念，其中最终用户的感知至关重要。事实上，游戏应用程序需要反应时间很短才能提供最好的性能。软件创业公司 Edgegap（www.edgegap.com）提出了使决策过程自动化并在数百个数据中心部署游戏服务器的解决方案。从而根据最终用户的位置确定最佳的 MEC 服务器位置，使游戏应用程序运行在离玩家更近的地方（与公共云提供的在线体验相比有明显的好处）。此外，通过只有在有实际用户需求的时间和地点运行游戏，实现节约成本。

4.3.2   运营商和第三方服务

这些创新服务利用了运营商网络边缘附近的计算和存储设施。这些服务通常不一定有利于最终用户，但在任何情况下，服务（例如主动设备位置跟踪、大数据、安保、安全、企业服务）通常可以由运营商与第三方服务公司联合运营。

由于使用本地信息提供增值服务的好处，有源器件位置跟踪用例的示例特别有意义。事实上，在 MEC 服务器上托管的地理定位应用程序使用终端设备的实时跟踪算法（基于 GPS 和网络测量），可以提供具有本地测量处理和基于事件的触发器的高效和可扩展的解决方案，并为企业和消费者提供基于位置的服务（在双向加入的基础上），例如在场馆、零售场所和传统覆盖区域，GPS 覆盖并不总是可用。应用服务的一个典型例子包括移动广告和近距离营销（www.vividaweb.com），内容可以在 MEC 生成，也可以根据用户画像以及用户连接到网络的特定位置进行定制。

4.3.3　网络性能和 QoE 改进

第三类主要是运营商和基础设施提供商感兴趣的，因为它包括通常旨在通过特定应用程序或通用改进来提高网络性能的服务。用户体验的改善，通常以对最终用户透明的方式进行，但实际上，这些并不是向客户提供的新服务（典型用例包括内容 /DNS 缓存、性能优化和视频优化）。这里，基于移动运营商或基于内容分发网络（CDN）的内容提供商可以向高级用户提供更好的视频流服务，例如在应用层具有较低的延迟或分组错误率，从而具有更好的性能并且无须创建新的服务。

Vodafone 和 Saguna Networks 的 MEC 测试给出了性能改进的相关例子。在这个实验设定中，它们测试了 MEC 对提高视频流体验质量的影响。测试涉及在模拟移动网络环境中比较边缘虚拟视频服务器和使用远程 Amazon Web Services（AWS）的虚拟视频服务器的视频流（数据建模为英国移动网络用户所经历的典型延迟和拥塞）。性能评估根据以下三个 KPI 进行：

- 开始时间：单击"播放"与开始播放视频之间的时间间隔。
- 暂停次数：视频暂停重新缓冲的次数。
- 等待时间：等待所花费的总时间，通过将所有暂停重新缓冲的时间相加得出。

4.4　边缘计算：5G 标准和行业团体

为了简单起见，我们经常在本书中使用首字母缩写 MEC 指代边缘计算。另一方面，该首字母缩写也指 ETSI ISG MEC[10, 15] 所做的工作，以定义（事实上）

唯一可用于边缘计算的国际标准。从这个角度来看，我们可以继续使用该首字母缩写表示两者。另一方面，需要澄清的是，5G 系统架构是由 3GPP 定义的，从这个角度对边缘计算的定义是从更一般的视角出发的。从本质上讲，与 ETSI 标准相比，3GPP 还是从一个更通用的角度考虑了边缘计算。因此，值得澄清的是，目前的标准化活动（包括 MEC 和 3GPP）仍在进行中，因为 5G 系统中边缘计算的相关支持仍需充分规定和定义。以下各节提供当前状态的最新概述。

4.4.1   3GPP 标准化状态

在 5G 系统中引入边缘计算是由 3GPP 于 2017 年在 SA2 工作组中发起的（目标是 Rel-15 规范）。这是将这一关键使能因素集成到 5G 中的关键一步。事实上，在定义 5G 系统架构的 TS 23.501 规范 [42] 中，边缘计算被明确表示为一种技术，它"使运营商和第三方服务能够托管在 UE 的接入点附近，从而通过减少传输网络的端到端延迟和负载来实现高效的服务交付"。

这里需要澄清一点：仔细阅读 3GPP 规范的读者可能会注意到，边缘计算的引入是相当普遍的。这与 TS 23.501 在"阶段 2"级别定义了 5G 标准这一事实完全一致，意味着在其他规范中预计会有关于实施方面的更详细信息（根据 3GPP 术语，在"阶段 3"级别），而 SA2 小组只定义了更高层次的需求和技术支持因素（没有详细的实现）。因此，期望有更多的工作更好地说明 5G 中对边缘计算的支持。感兴趣的读者可以参考 3GPP 中最近开始研究边缘计算的其他小组的当前工作（始终从 3GPP 的角度来看）：

- SA5："Study on management aspects of edge computing"[63]，本报告重点介绍 3GPP 管理系统以及对边缘计算部署和管理的相关支持。
- SA6：更新的"Study on application architecture for enabling EDGE applications"[64]，本报告旨在评估对整体应用框架 / 使能层平台架构的需求以及在 3GPP 网络中支持边缘计算的相关要求，并确定关键问题和潜在解决方案以支持边缘应用程序的部署（例如通过发现和认证），包括潜在的 UE 和网络边缘 API。

除此之外，SA2 启动了一项新的研究项目（名为"Study on Enhancement of Support for Edge Computing in 5GC"[62]），主要针对两个目标：

- 研究潜在的系统增强功能，以增强边缘计算支持（例如发现应用服务器的 IP 地址、对 5GC 支持的改进以实现为 UE 提供服务的应用服务器的无缝更改）。
- 提供典型边缘计算用例（如 URLLC、V2X、AR/VR/XR、UAS、5GSAT、CDN）的部署指南。

最后一项研究（将在 TR 23.7xy 中发布，以 Rel.17 为目标）对生态系统非常重要，因为它将帮助利益相关者（尤其是基础设施所有者）阐明与边缘计算部署选项相关的限制和权衡。此外，这项研究已经阐明，与支持边缘计算的应用层架构相关的一些附加方面也在 SA6 的范围内。因此，我们可以期待在这一领域也有一些 3GPP 的工作。

在任何情况下，3GPP 方法都是通用的，因为这个 SDO 原则上倾向于考虑许多用例和边缘计算的许多可能实现。因此，ETSI-MEC 标准（在 4.4.3 节中简要描述）只是一种选择，例如：除了专有解决方案，还有开源实现，甚至是由行业团体驱动的特定解决方案。当然，互操作性标准的一般价值是毋庸置疑的（在这里，作为唯一可用的国际标准，ETSI-MEC 扮演着关键的角色）。但行业团体和开源社区在这一领域的贡献对于推动创新和采用这项技术至关重要。总而言之，MEC 是处于边缘的云计算，因此软件开发者的参与是必不可少的（传统上，这些社区也可以在 SDO 之外找到）。

4.4.2　行业团体

边缘计算通过使授权的第三方能够利用本地服务和计算网络边缘的功能，促进了对现有应用程序的增强，并为开发各种新的和创新的 5G 服务（例如汽车、工业自动化、多媒体、电子健康、智慧城市、虚拟/增强现实）提供了巨大的可能性。从这个意义上说，边缘计算支持许多垂直市场，这些市场在原则上是非常异构的，由不同的业务需求驱动，并对通信网络施加不同的要求。为了更好地推动这些特定的技术要求，需要来自不同垂直行业的特定技能和能力，而 3GPP 组织中通常没有这类专业知识（传统上侧重于通信网络，从无线电到核心），ETSI ISG MEC（它定义边缘云计算基础设施的一般方面）中也是一样。因此，这些标准组织需要得到特定行业团体的补充，由各自垂直行业的主要利益相关者推动。例如：

- 5G 汽车协会（5GAA）
- 汽车边缘计算联盟（AECC），https://aecc.org
- 5G 互联产业与自动化联盟（5G-ACIA），www.5g-acia.org
- 虚拟现实产业论坛（VR-IF），www.vr-if.org

举例说，5GAA 是一个庞大的行业协会，汇集了汽车利益相关者和通信网络专家。这两个大社区正在合作，为未来的移动和运输服务开发端到端解决方案。为了做到这一点，汽车行业当然需要来自信息和通信技术利益相关者的专业知识和技术技能，反之亦然（因为通信网络专家不熟悉来自汽车制造商和具体车内实施的具体问题）。因此，5GAA 正在推动相关的具体用例，定义在 5G 网络中实现这些用例的技术解决方案，并建立相关共识，将确定的解决方案推送到相关标准机构（例如：3GPP 用于无线电和核心网络方面，ETSI MEC 用于边缘云标准化）。

更详细地说，由于边缘计算是 5GAA 的六个优先领域之一，该协会发表了一份关于先进汽车通信的边缘计算的白皮书 [65]。这项工作概述了选定的汽车用例（如 5GAA 所介绍的），展示了边缘计算（尤其是标准化解决方案）如何被视为支持联网车辆多个服务的关键技术，尤其是在多运营商、多供应商和多 OEM 系统中。

总的来说，垂直行业和相关协会的作用（推动它们的具体需求和技术技能）是边缘计算和标准团体成功的关键。

4.4.3   ETSI MEC 在 5G 中的作用

我们已经多次表明，ETSI MEC 标准是与接入无关的，因此原则上独立于特定通信网络（如 4G、5G，甚至 Wi-Fi 和固定网络）上的特定部署。此外，从原理的角度来看，MEC 标准应该支持许多"边缘"实现的选项（从这个意义上说，MEC 服务器的 MEC 架构基本相同，而根据该标准，MEC 服务器的"边缘"位置原则上应该都是可能的）。然而，当谈到 4G 和 5G 网络中的 MEC 时，需要对实际部署选项进行具体说明（例如：边缘在哪里，如何在蜂窝网络中插入 MEC 服务器，如何管理流量重定向和无线电/应用程序移动性）。为此，业内已发布了两份 ETSI 白皮书，以阐明以下方面：

- 《ESTI-MEC 在 4G 中的部署及其向 5G 的演进》[66]：本文探讨了如何在现有的 4G 网络中部署 MEC 系统，方法是展示安装 MEC 主机和 4G 系统架构组件的不同选项（例如所谓的"线路插件"选项，或通过分布式 EPC 进行的其他部署，包括具备本地分流的分布式 SGW（SGW-LBO），或再次使用控制/用户面分离（CUPS））。本研究还观察了这些安装选择对运行系统和架构的影响，并从不同角度观察了迁移到未来 5G 网络的可能路径，包括 5G 系统架构的遵循、云计算和 NFV 模式的采用，以及在网络升级过程中对投资的保护。
- "MEC in 5G Networks"[67]：该白皮书是对先前研究的一个后续研究。它提供了一些物理部署的示例场景：1）与基站并置的 MEC 和本地用户面功能（UPF）；2）与传输节点并置且可能与本地 UPF 并置的 MEC；3）MEC 和本地 UPF 与网络聚合点并置；4）MEC 与核心网络功能并置，即在相同的数据中心中。然后，从物理实现转向逻辑实现，该白书皮举例说明了在 5G 网络中集成 MEC 部署所涉及的关键组件，例如：通过讨论 MEC 的能力，将其视为 3GPP 中 5G AF（应用功能）的特定实现，与 5G 系统交互以影响边缘应用程序流量的路由，以及通过讨论接收 5G 系统中相关事件（如移动事件）通知的能力，以提高 MEC 部署效率和最终用户体验。此外，该白书皮还介绍了在本地数据网络中部署 MEC 的好处，它可以灵活地定位 3GPP UPF，实现 MEC 主机的数据平面。

从后一份白皮书开始，由于对 MEC 在 5G 中的部署的巨大兴趣，最近，ETSI ISG MEC 也开始了一项工作[68]，旨在记录 5G 网络中 MEC 集成的关键问题和解决方案。特别是，本文档讨论了与 5GC 的 MEC 应用功能控制面交互相关的问题，包括 MEC 程序映射到 3GPP 5G 系统中使用的程序，MEC 和 5G 通用 API 框架之间的功能划分选项，将 MEC 组织为 5G 系统的应用功能，以及与 (R)AN 的相关交互。此外，本项工作旨在识别任何当前缺失的 5G 系统功能，例如：提供有关未来所需标准化工作的指示。这是 ETSI MEC 标准的最后一项关键工作，因为原则上，ISG 可以预见对 5G 的一些支持（同时支持 SA2 的研究）。

4.5　MEC 和网络切片

网络切片是 5G 网络的一个关键概念，最初由 NGMN[69] 引入，然后在 Rel.15 及更高版本的 3GPP 规范⊖中引入。它本质上被定义为将物理网络划分为多个虚拟网络，以满足不同的垂直需求集。因此，网络切片是 5G 网络的实际部分，包括所有网络元素（从 RAN 到核心），并且它由系统管理实例化，具有来自将要满足的特定服务 / 流量的特定特征。与汽车领域相关的网络切片示例如下：

- 车辆可能需要同时连接到属于不同切片 / 服务类型（SST）的多个切片实例，以支持多个汽车用例的不同性能要求。
- 根据关键绩效指标要求，软件更新和远程驾驶用例可以分别与 eMBB 切片和 URLLC 切片相关联。

但是，这个 "5G 蛋糕" 怎么切？MEC 在网络切片中的作用是什么？为了回答这些相关问题，我们首先应该更好地了解 KPI，例如 E2E 延迟。在这种情况下，3GPP 不考虑实际的 E2E 性能要求⊖，因此应考虑 MEC，因为从这个角度来看，原则上它实际不在 3GPP 职责范围之内。换言之，虽然网络切片机制是在 3GPP 内部管理并涉及 3GPP 实体，但 MEC 应用程序是实际的用户流量端

⊖ 感兴趣的读者可以参考以下与网络切片相关的 3GPP 规范：TS 23.501（关于 5G 系统架构，参见参考文献 [70]）、TS 22.261（关于 5G 需求，参见参考文献 [71]）和 TS 28.531/28.532（关于 5G 切片管理，参见参考文献 [72,73]）。

⊖ 事实上，根据 3GPP 规范，分组延迟预算（PDB）定义了在 UE 和 UPF 之间分组的延迟时间上限。这意味着，根据定义，指向 DN 的 N6 参考点（因此直到 MEC App）不包括在内，即延迟预算。相反，E2E 的性能要求应该通过考虑用户流量包的整体路径来确定，从而包括 N6 和 MEC 应用。

点，在讨论实际 E2E 性能时，也应考虑 MEC 系统。

因此，网络切片的 MEC 研究[74]讨论了如何"切分 5G 蛋糕"以及对 MEC 的相关影响，同时考虑了 E2E 服务对服务质量（QoS）的要求。这项工作的重点是确定 MEC 为网络切片提供的必要支持，此外，还要确定如何协调来自多个管理域的资源和服务以促进这一点。

正如我们所预期的，网络切片是 5G 的一个关键概念。原则上，它广泛覆盖了许多垂直行业，而且还与不同利益相关者（例如：道路运营商 / 汽车制造商和移动运营商 / 服务提供商）之间的服务水平协议（SLA）有关。因此，3GPP 并没有涵盖与网络切片需求和参数化相关的所有实现方面⊖。

此外，GSMA 网络切片任务组（NEST）⊖[75]中引入了与网络切片相关的高级特征和参数化，该工作组从与协会和垂直行业的协作开始，收集需求，并生成相关的通用切片模板（GST），其中包含属性（例如吞吐量、最大延迟时间）以及 E2E 级别的相关性能（例如隔离、安全模式、移动性支持），用于网络切片的实例化。从这些高级配置开始，网络切片模板（NST）就可以识别 3GPP 域中的 5G 切片（参见图 4.5）。

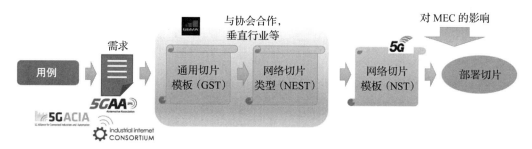

图 4.5　定义网络切片的流程以及对 MEC 的可能影响示例（来自 GSMA 的阐述）

如前所述，为了满足 E2E 性能要求，这个切片实例化还应该与 MEC 应用

⊖　在 TS 28.531 中，NST 由 3GPP 定义为用于创建网络切片信息对象类（IOC）实例的属性值的子集。NST 的内容不计划由 3GPP 标准化，即由 MNO 和供应商定义。

⊖　www.gsma.com/futurenetworks/wp-content/uploads/2018/07/1_2GSMA-Progress-of-5G-Network-Slicing_-GSMA-NEST_ vice-chair.pdf。

程序实例化适当地耦合。这项工作可能会影响 3GPP 和 ETSI MEC，例如：从 5G 中与 MEC 相关的当前研究（在两个各自的机构中）开始。

附录 4.A   IMT2020 系统：最低技术性能要求 [51]

技术要求	使用场景适用性				目标值
	EMBB	MMTC	URLLC	通用	
峰值数据速率	✓				下行：20 Gbps 上行：10 Gbps
峰值频谱效率	✓				下行：30 bps/Hz 上行：15 bps/Hz
用户体验数据速率	✓				下行：100 Mbps 上行：50 Mbps
第 5 百分位用户频谱效率	✓				（见下表 A）
平均频谱效率	✓				（见下表 B）
区域流量容量	✓				10 Mbit/s/m²
用户面延迟	✓		✓		URLLC: 1 ms eMBB: 4 ms
控制面延迟	✓		✓		20 ms (10 ms encouraged)
连接数密度		✓			1 million devices / km²
能效	✓				定性测量 支持高休眠率和长时间休眠期间
可靠性			✓		TX 32B 在 1 毫秒内 1×10^{-5} 成功概率
移动性	✓				（见下表 C）
移动性中断时间	✓		✓		至少 100 MHz，高频段可达 1 Gbps
带宽				✓	

表 A（第 5 百分位用户频谱效率）

TE	DL (bit/s/Hz)	DL (bit/s/Hz)
InH	0.3	0.21
DU	0.225	0.15
RU	0.12	0.045

表 B（平均频谱效率）

TE	DL (bit/s/Hz)	DL (bit/s/Hz)
InH	9	6.75
DU	7.8	5.4
RU	3.3	1.6

表 C（移动性）

TE	移动性	TCDL (bit/s/Hz)
InH	10	1.5
DU	30	1.12
RU	120	0.8
RU	500	0.45

第二部分

MEC 和市场背景

第 5 章

MEC 市场：运营商的角度

本章从电信运营商的角度讨论多接入边缘计算（MEC）的好处，包括业务方面、部署注意事项（MEC、软件定义网络（SDN）、网络功能虚拟化（NFV）等）、边缘分解和分布式操作系统。

5.1 MEC 对运营商意味着什么

5G 承诺的优势和能力让运营商知道自己将需要在全球竞争，开辟新的收入线，并扩展到新的产业。不过，尽管早期采用者正朝着迫在眉睫的（尽管是有限的）部署展开竞争，但大多数运营商仍在谋划通往 5G 的道路，这在很大程度上是一个未经开发的领域。支持技术和生态系统才刚刚形成。消费者和行业的需求正在快速增长，并将很快超过目前支持它们的 LTE 网络。他们渴望 5G。

MEC 代表了应对这些挑战的解决方案，目前为支持无数新的行业驱动和运营商服务创造了一个机会，扩大了移动网络的收入潜力，并为运营商开辟了以前从未探索过的新途径。

MEC 不要求运营商"重新造轮子"。它不是一个新的盒子或系统。相反，它是一个平台，用于聚合一系列已准备好部署的基于边缘的功能。就像一个孩子发现一个装满乐高积木的抽屉，在你开始实验之前，你并不总是知道你有什么。随着运营商开始尝试 MEC，它们发现了可以推动经济发展的实际应用和新服务。

MEC 是连接 5G 的桥梁，而不会减缓其进程。在本章中，我们将探讨 MEC 对运营商的真正价值，包括它对当今 4G 网络的增压能力。我们将探索其作为一个平台的能力，提供基于低延迟和高服务质量的差异化服务。我们还将讨论其作为 5G 驱动架构的敲门砖的价值，同时帮助运营商团队提高软件基础设施技能和专业技能。

5.2   MEC 的好处

长期以来，电信界一直希望将计算功能重新定位到离用户更近的位置。在固定网络中，运营商已经建立了内容分发网络（CDN），或与 CDN 合作伙伴合作部署分布式网络功能，来将流行内容缓存到离消费更近的位置。CDN 通过消除回程传输线传输的重复通信量，提供了一种以更快的内容访问和更低的成本来改善客户体验的方法。

移动运营商不得不尝试将 CDN 整合到它们的移动网络中。在 MEC 之前，一些运营商直接在蜂窝站点上部署服务器，基本上是在基站旁边部署计算和存储功能。虽然它们希望向某些地点提供更具针对性的内容，但这些努力并未取得广泛成功。运营商发现，只要端点能够提供位置信息，就可以很容易地从现有的集中位置提供"特定位置"服务，比如在智能手机上安装 GPS。

5.3   点燃一个行业

尽管早期的尝试将服务推向更接近用户的做法带来了好坏参半的结果，但大众对探索通过更接近最终用户而受益的特定位置服务的兴趣依然存在。一旦实施，从传统的 OTT（Over-The-Top）到增强现实、移动游戏和联网车辆的服务都有可能成为运营商的关键优势。

例如，物联网在许多行业已经成为现实。它需要越来越低的延迟和可预测的移动服务来支持不断变化的需求。传统的数据服务如今已经不能满足这些需求。Analysys Mason 预测，到 2025 年，物联网价值链的可寻址移动运营商总收入将达到 2010 亿美元，而 MEC 提供了一个机会，可以从现在开始获得这一增长份额。

经过多年的实验，整个行业正在围绕边缘计算的方法进行整合，主要进展如下：

- **虚拟化技术的发展**将传统网络功能部署为软件。这导致边缘计算资源不仅成为位于专有网络设备之上的开销基础设施，而且成为服务于现有网络功能的核心基础设施。

- **在移动网络上消费的内容**已经从纯粹的浏览和文件下载演变到要求更高、带宽需求更高的应用程序，如高清视频流和在线协作游戏。以最高质量和一致性正确管理新应用程序类型需要边缘智能和本地化服务。在实时接入网络资源可用性信息，特别是移动无线资源的帮助下，运营商将能够为异构应用程序提供适当的服务级别。高需求使得开发商业案例更容易。

- 新的解决方案使运营商能够**实时了解可用的接入容量和需求**，并以最有效的方式分配网络资源，以提供更好的体验质量（QoE）和降低基础设施成本。与传统的核心网络流量管理方法在整个网络中应用策略而不需要了解边缘资源容量不同，具有无线网络信息服务（RNIS）的 MEC 平台可以根据实时无线资源管理各种应用，只在拥塞期间采取行动。一些 MEC 平台能够将特定的应用程序流量从其正常路径中分离出来，并将其定向到基于边缘的处理器以满足服务需求。

- **物联网（IoT）应用**正在向网络引入数十亿台新设备。在机器通信方面，这些设备通常是近距离相互通信的，并且最容易得到边缘的支持。这需要能够识别和处理具有最佳延迟的流量的基础设施。虽然解决方案已经适用于企业和公共场所等封闭环境中的某些行业，但更大的机会是将这一能力扩展到包括移动技术在内的所有接入技术中，因为移动技术的延迟明显更高且变化极大，这指向机器通信的关键挑战。例如：在自动驾驶场景中，汽车必须在几毫秒内传达关键信息，以便其他汽车能够实时做出反应。在这样的环境中，持续一致的服务至关重要。

- 由于能够快速识别特定行为或活动，然后自动执行实时操作，并将关键信息转换为元数据，因此针对诸如安全之类的**应用程序的视频图像处理**正在许多行业垂直领域中迅速发展。AR/VR 是另一个例子，其早期实现主要基于手机的可用功率。下一代服务将需要大量且昂贵的处理能力，这是高能耗的，配备这种处理能力的设备将体积庞大，对于便携应用来说无法接受。在集中式云环境中部署处理会带来太多延迟，并且需要大量回程。所有关注边缘的人都在努力清除这些障碍。

如果没有明确的行业标准的指导，这些发展就不可能无缝地同步进行。ETSI 标准提出了：

- **安全性、可靠性和环境保护**。电信运营商认为标准化产品和服务更可靠，这提高了用户的信心，增加了销售额，并且促进了新技术的采用。
- **支持政府政策和立法**。监管机构和立法者经常引用标准以保护用户和企业利益，并支持政府政策。例如，标准在欧盟单一市场政策中起着核心作用。
- **互操作性**。要拥有一个蓬勃发展的协同工作的设备生态系统，依赖于符合标准的产品和服务。
- **商业利益**。标准化为发展新技术、开放市场准入、提供规模经济、促进创新、提高技术发展和主动性的认知提供了坚实的基础。
- **消费者选择**。标准为新的特征和选择提供了基础，有助于改善消费者的生活。基于标准的大规模生产为消费者提供了更多种类的无障碍产品。

5.4　实现更大价值

体现标准化价值的一个很好的例子是 ETSI 的全球移动通信系统（GSM）标准，该标准于 1991 年首次部署。之后 3G 和 4G 接踵而至，突显出 ETSI 作为一个标准机构在推动 NFV、SDN 和 MEC 等电信网络持续发展方面所起的关键作用。

MEC、NFV 和 SDN 将是未来电信业务成功的重要贡献者。根据麦肯锡公司（McKinsey & Company）[一]的统计，过去几年的挑战使电信公司的收入和现金流自 2010 年以来每年减少 6%（如图 5.1 所示）。

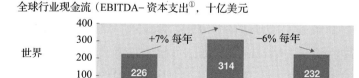

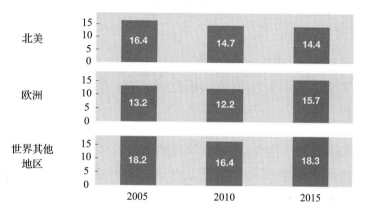

图 5.1　电信公司收入和现金流形势图（2010～2015 年）

① 最大的 250 家电信公司，EBITDA= 税息折旧及摊销前利润
② 每个区域最大的 6～7 家公司
资料来源：S&P Capital IQ; McKinsey analysis

电信公司可以通过采用下一代技术（如 MEC、NFV 和 SDN）来缓解利润的挤压并创造更多价值。采用这些数字技术和流程还可以简化业务功能，提高客户满意度。

MEC 平台允许在边缘部署应用程序，接收 RNIS 相关的网络信息，并直接请求网络服务。这与标准架构不同，标准架构从 GSM 引入一直到 3G 和 4G 网

㊀ www.mckinsey.com/industries/telecommunications/our-insights/a-future-for-mobile-operators-the-keys-to-successful-reinvention。

络，基本保持不变。因此，我们可以更智能地处理应用程序需求，同时考虑实时无线条件，并允许应用程序与网络基础设施交互以请求必要的服务。

对运营商来说，在移动无线蜂窝上精确地满足通信需求的能力是一个重大转变。直到最近，移动网络的主要架构是支持具有优先 QoE 的语音服务和由集中功能支持的数据服务，用于基于应用类型区分和管理流量。在数据需求多样化的时代，这种方法有一个日益严重的问题，它将无线接入网（RAN）视为一个通用管道，提供平均 QoE。实际上，根据一天中的时间和位置，一些单元被过度利用或未充分利用。尝试将此管道作为一个孔来管理以减少过度使用的单元的负载似乎很直观，但这种方法也会降低所有其他单元的负载，从而导致资源浪费。

通过采用 MEC，运营商可以在 4G 网络中采取各种不同的流量管理方法，同时创建一个平台，鼓励对模拟 5G 功能的新服务进行实验，例如低延迟服务和网络切片。

MEC 已经引起了更广泛的运营商社区的关注，世界各地的许多运营商都在积极进行实验室和现场的试验。尽管如此，仍有许多制约 MEC 大规模推广的因素：

- **没有"杀手"用例。**尽管每一代 3GPP 移动架构都已被接受为电信基础设施演进的一部分，但这一主体之外的发展需要可靠的商业案例。MEC 也不例外，在采用之前，运营商希望了解如何收回技术投资。
- **MEC 的部署需要在部署位置具有计算资源。**MEC 平台供应商可以从技术上提供并管理物理基础设施，但更大的机会在于与运营商的 NFV 基础设施完全集成。顶级运营商已经开始建设和分散网络数据中心，但这一进程进展缓慢，仅限于十几个核心位置，无法充分利用 MEC 的能力，例如低延迟应用程序的交付。
- **我们不再生活在一个集中的世界。**所有现有的规划和运营程序都建立在这样一个前提下：所有的数据流量都被传输到中心点，在那里它将被处理并路由到互联网。在一个分散的世界中，这些流程需要被审查，因为流量将在不同的边缘位置进行管理，并且基于随时间和每个位置而变化的使用情况。

- **多供应商方法**偏离了常规。尽管 MEC 的开发是为了提供一个平台，使来自不同供应商的不同应用程序成为可能，但运营商习惯于从同一供应商采购垂直解决方案。建立一个多供应商平台和开发依赖于同类最佳应用程序的解决方案，要求电信公司在与供应商的合作中采取新的方法。

- **MEC 必须支持真正的移动性**。支持移动性对于基于边缘的应用来说是一个挑战。例如：当一个用户从一个 MEC 域移动到另一个域时，对某个应用程序有什么影响？这要求应用程序了解移动性，并在用户要更改 MEC 域时进行相应的调整。另外，应用程序开发者应该如何应对这一挑战？应用程序开发者真正了解 MEC 的第一步是，只有当运营商开始在其基础设施中部署 MEC 时，它的功能和挑战才会到来。

5.5　商业利益

通过边缘计算和软件功能向软件基础设施转变是支持 5G 承诺的必要条件。基于 NFV 的软件基础设施可以同时降低资本性支出（CAPEX）和运营成本（OPEX），电信公司已经熟悉采用它们所带来的成本效益。以前的大多数实现是在网络和 vCPE 企业访问基础设施的核心上实现的。通过进一步自动化基础设施管理和采用弹性服务（可以上下扩展物理资源并使其可用于其他应用程序）来降低成本仍然有很大的潜力。然而，这些仅仅是硬件和软件分离带来的好处。

随着计算资源向边缘扩展，运营商可以扩展这些优势，在需要的位置提供低延迟边缘服务。我们不再仅仅谈论成本节约。这也将释放出新应用程序和收入流的巨大潜力。

5G 将需要电信公司规划和运营网络的方式发生重大变化。同时，运营商不必等待。如果现在采用 MEC，就可以立即受益，并在 4G 网络上获得类似 5G

的好处。既然现有的网络有可能带来更多的价值，运营商可以在没有大规模投资的情况下从现有网络中获得更多，为什么还要等到 5G 呢？

构建一个既能保持现有架构完好无损，又能提供更多功能的平台，有利于容纳将来可能增加的更多功能。这不仅适用于技术，还适用于人员、技能和业务流程。这在一个可能需要长达 18 个月的时间才能增加物理无线容量的时代尤其值得注意，尽管许多人都希望容量能满足需求。

一般来说，运营商网络成本的三分之一都花在不动产和房屋基础建设上。这包括数以万计的物理位置，它们承载着无线电设备、传输汇聚以及语音和数据处理等核心服务。将这些位置中的大部分转换为边缘计算基础设施具有很大的潜力，因为相比公共云数据中心，它们与用户距离更近，所以可以将闲置的处理和存储功能货币化。

在评估 MEC 货币化的可能性时，运营商可能会发现以下商业模式最具吸引力：

- **专用边缘托管**。运营商管理位于边缘的计算和存储资源，使其可供第三方应用程序开发者等合作伙伴使用。在这种情况下，运营商只负责确保流量得到管理和交付，而开发者负责确保服务的所有其他方面。例如：CDN 运营商希望将服务更靠近最终用户。
- **XaaS**。基础设施即服务、平台即服务和网络即服务的方法认为电信公司的运营方式类似于云提供商，通过云门户提供计算和存储功能、API 以及虚拟网络功能。运营商可以提供类似于公共云提供商提供的服务，但其优势在于具有较低延迟的体验和与一系列 MEC 功能的集成。考虑一个 CDN，它利用实时的无线状况信息来选择要交付的最佳内容质量。
- **系统集成**。运营商在现有系统集成业务的基础上，提供具有集成 MEC 能力的交钥匙解决方案。运营商可以使用此策略向需要低延迟的企业客户提供物联网服务，还可以通过额外的产品来补充 MEC 功能，以满足其他行业垂直领域的需求，如汽车、智慧城市和医疗保健。
- **企业对企业**。运营商提供边缘处理和接口，为在其基础上构建解决方案的企业客户提供支持边缘的解决方案。该模式可以应用于先前的系统集成实例，仅限于为给定行业的所有客户提供通用服务和接口。

- **传统零售**。运营商开发自己的服务，如移动游戏、视频监控图像处理或增强现实，以增强基本语音和数据服务。

5.6　查找网络边缘

电信界最激烈的争论之一是网络的边缘究竟在哪里。简而言之，要看情况而定。

运营商真的很想了解设备将部署在哪里，以便开始了解如何管理设备。通常有一种误解，即边缘设备必须安装在每个小区站点，但这并不一定。例如：在流量管理的情况下，MEC 可以部署到网络更深的聚合站点。另一方面，如果目标是超低延迟，并且目的是尽可能多地保持网络的通信量，那么可能会部署在基站。当然，考虑到需要更多的实现，这种方法有很高的成本。幸运的是，大多数 MEC 应用程序不需要网络最边缘的部署。

在大多数情况下，边缘设备更适合部署在：

- 一个典型的大型运营商分布在数百个位置的**中央办公室**，位于接入和核心网络之间，将传统应用程序的延迟缩短一半。这些位置通常承载传输聚合设备，其占地面积足以容纳小型数据中心。
- Cloud RAN，随着 RAN 的分解和运营商计划集中基带单元（BBU）来虚拟化和集中来自仍为单个小区站点的射频拉远头（RRH）的资源，CloudRAN 变得越来越普遍。对于一个典型的运营商而言，会需要在一个国家内建立数千个新的 BBU 位置。因为这些位置是从零开始设计的，并且基于通用计算标准，所以它们是一个配备 MEC 平台和服务的完美位置。

通常，在新构建的基于软件的新位置部署 MEC 将没有那么复杂，而且更具成本效益。在几十年前建造的现有物理基础设施上进行部署以承载特定的网络交换和路由设备，会更具挑战性。这些位置的构建通常是为了满足更有限的、基于直流电的电力消耗需求。向托管计算和存储设备的数据中心模式转移，带来设备密度的增加，基于交流的电力消耗需求的显著增加，产生更多热量。基于所有这些原因，在传统的物理基础设施上部署虽然并非不可能，但从成本和复杂性的角度来看，无疑是一项挑战。

对运营商来说，幸运的是，虚拟化转变正在顺利进行，NFV 已经司空见惯，虚拟基础设施也已被纳入大多数技术战略。虽然虚拟化不会带来在物理网络之上构建的所有包袱，但是部署分散的虚拟基础设施需要仔细规划。

NFV 标准继续发展。在这个过程中，它们提供了必要的组件来自动部署和扩展网络功能，以提高虚拟基础设施的使用效率。不过，大多数 NFV 部署都是在中心位置实施的，有足够大的数据中心，可以根据容量需求扩展物理计算资源。在将应用程序移动到边缘位置时，这种灵活性则不可用。正如本章前面所解释的，这些位置距离用户访问更近，每个国家都有成百上千的规模。它们在空间占用方面也要小得多，这使得最大的计算能力及其高效利用变得至关重要。

由于其早期的初始可用性，基于 hypervisor（虚拟控制程序）的虚拟机解决方案一直是 NFV 部署的默认选择。但是，这些虚拟机的数据空间占用较大，并且需要几分钟的时间启动，这在资源有限的环境中存在挑战，促生了对基于容器的虚拟化解决方案的新偏好。虽然这些解决方案可以更好地扩展以实现更高效的计算，但它们也需要更高级的编排。

许多电信公司已经开始要求云本地应用程序提高效率并与新的虚拟基础设施兼容。这方面的一个示例是利用超扩展功能的基于容器的 NFV，最近由谷歌和亚马逊等云提供商开发。容器带来的开销比虚拟机小得多，并且可以更快地部署。然而，它们也带来了虚拟机没有的新安全考虑和网络挑战。容器会带来安全风险，因为它们直接运行在服务器硬件上。例如：黑客可以利用一个补入侵的容器来破解对整个网络的访问（如图 5.2 所示）。

运营商必须考虑到它们评估的基础设施需要时间来建设，并且可能会减缓边缘云战略的推进。这就是基于软件的基础设施的现实之处，在这种基础设施中，进化的速度更快，更有利于渐进式步骤和混合方法。不同的网络应用会带来不同的要求，不管其是与分组处理性能、安全性还是流量隔离有关。虽然处理用户数据的网络功能可能从基于 hypervisor 的鲁棒性受益，但处理网络信令和控制流量的其他功能可能在容器等超扩展环境中工作得更好。

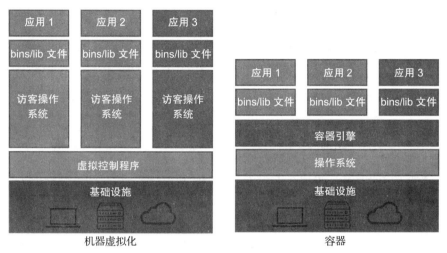

图 5.2　虚拟机与容器

　　MEC 平台部署需要 NFV 及底层计算和存储基础设施。尽管 ETSI 的 MEC 标准化独立于 NFV 和 SDN 工作组，但这些工作组已经越来越紧密地合作，以简化各种架构的集成。一些主要的合作领域涉及接口的管理和协调，以便在 NFV 基础设施上部署 MEC 应用程序时，在整个系统中共享相关信息。这大大简化了现有 NFV 基础设施上的 MEC 平台部署，并使运营商相信：转向基于软件的基础设施不会导致碎片化，使网络难以管理和运营。

　　尽管 SDN 在成功实现了固定传输网络配置和维护过程的自动化之后获得了发展势头，但它在移动网络方面仍处于起步阶段。在动态移动接入网络中使用 SDN 的自动化能力的潜力是相当大的，MEC 可以成为探索这方面可能的催化剂。

　　技术革命要求组织不断发展，以充分利用所有可能的优势。MEC、NFV 和 SDN 也不例外，它们代表了运营商正在经历的转型的关键要素。多年来，运营商根据接入（无线或固定）、传输、核心和服务（语音、数据和视频）以及运营和业务支持系统（BSS）的 IT 划分技术组织。这种方法曾经奏效，因为在每个小组中执行的技术和功能都定义良好并包含在其中，它们之间有清晰而简单的接口。每个垂直组织都对技术组件（从功能层到物理层）的工程和部署负全部责任。然而，随着 MEC、NFV 和 SDN 的出现，运营商必须转向更横向的组织模式。

随着 NFV 基础设施不断跨越所有物理技术位置（从核心站点到中心办公室和访问聚合站点），并将网络硬件从其软件功能中分离出来，因此需要创建一个组织，负责这一新的公共物理层的端到端工程设计、规划和支持。

这同样适用于端到端的 SDN 策略，自动化工具的采用提供了即时的运营效益。一个例子是降低跨域网络连接的操作复杂性。当涉及确保运营商基础设施的持续发展和当前主要功能块（如无线接入和分组核心）的分解时，这是必需的。

在探索 MEC 时，这些都是重要的考虑因素，因为它提供了一个新的控制点，只有专门为这个新世界而构建的组织结构才能最有效地利用它。MEC 平台支持与无线和应用程序性能相关的网络元素之间的交互，这些功能通常由单独的访问和核心团队来处理。

MEC 平台依赖于部署地点的 NFV 基础设施的可用性。为了最大限度地开发 MEC 的潜力，支持团队应该具备访问、分组核心和应用服务技能。MEC 提供了优化一些现有功能的机会，如小区感知的流量管理，并构建新的服务，如本地托管的低延迟应用程序。这适用于现有的 LTE 网络，并应该适应未来 5G 网络。简言之，规划一个组织结构，通过探索网络分离和试验或推出新的低延迟应用程序，最大限度地利用 LTE 网络上 MEC 的潜力，是对未来 5G 服务的投资。

5.7 理论竞赛

MEC 并不是唯一一个致力于标准或参考架构，旨在为电信边缘方案带来一些秩序的方案。有三个小组值得注意，并在某种程度上与 MEC 有关。一些运营商已经相互结盟，它们对 MEC 的竞争环境产生了影响。

- OpenFog 联盟，2015 年 11 月建立的一个非营利组织，其成员致力于研究"雾计算"，在云和终端设备之间、网关与设备之间增加了一个计算、存储、联网和控制的层次结构。这个非营利组织说它与 MEC 不同，因为它覆盖了边缘和云之间的所有层，而 MEC 只覆盖边缘而不覆盖云。OpenFog 还与 ETSI 合作开发支持雾的移动边缘计算应用和技术。这两个小组签署了一份谅解备忘录（MOU），声明它们将共享与支持雾的 MEC 技术全球标准开发相关的工作，包括 5G、物联网和其他数据密集型应用。
- Akraino Edge Stack 项目，Linux 基金会在 2018 年 2 月成立，旨在创建一个开源软件堆栈，以改善运营商、提供商和物联网网络的边缘云基础设施的状态。Akraino Edge Stack 将为用户提供更高级别的灵活性，以快速扩展边缘云服务，最大限度地利用每台服务器上支持的应用程序或订户，并帮助确保必须随时启动的系统的可靠性。目前，Akraino 仍然是来自 ETSI 的 MEC 的独立发起人。
- Open Networking Foundation（ONF），其中央办公室被重新设计为数据中心（CORD）项目，最初并不针对边缘计算，但 ONF 现在意识到其代码与边缘非常相关。事实上，ONF 声称 CORD 正在成为边缘计算的实际选择平台，因为 CORD 可以在塔楼、汽车、无人机或任何地方运行。与 ETSI 正与 OpenFog 协作规范并使其具有互操作性的 MEC ISG 不同，ONF 表示不与任何 MEC 标准组织协作，因为它正在推动一种开源方法。

5.8　关于分解的深入研究

分解是一组思想，旨在分离传统的绑定功能，以实现规模经济、可扩展性和更具价值的服务，同时以更智能的方式将较小的元素组合在一起。网络分解在移动网络中如何突出 MEC 方面扮演着重要的角色，并且出现在许多运营商的策略中。出现了几个主要趋势：

- **软硬件分离**正受到极大的关注，因为它代表着一种与专利技术时代截然不同的技术，即运营商使用同一供应商提供的硬件和软件功能部署为单片系统或小型设备。其中包括 COTS 路由器、交换机、防火墙和作为"黑匣子"捆绑在机柜中的计算服务器。但随着 NFV 的出现和计算技术的进步，目前已经可以将传统网络功能移植到能够在传统数据中心的虚拟基础设施上运行的软件。这允许运营商分别管理软件和硬件的生命周期。由于网络操作系统通常与网络管理和自动化平台密切相关，特别是在查找和修复故障时，在几代硬件上保持相同的软件平台有助于降低成本。而且，不同于每个供应商都提供自己的硬件风格，同一类型的计算和存储硬件可以用于不同的供应商，从而实现更高的规模经济。

- **来自设备分解的功能**采用常见的设备，如防火墙或负载平衡，并将它们转换为仅限软件的平台。在某些情况下，传统上由设备提供的一组服务可以分解为更小的组件。例如：防火墙可以分为网络地址转换、有状态数据包检查和深层数据包服务组件。由此产生的服务可以通过服务链连接在一起，并根据流量的大小和类型进行单独的缩放。同样的情况也适用于移动无线或分组核心功能，但有些人可能仍在为这个概念而挣扎，因为几十年来，电信公司将其作为单片服务部署，还不具备处理这些平台的各个组件所需的工程、规划和部署能力。

- **来自设备分解的控制面**在 SDN 社区受到密切关注，因为这是该倡议的最初设想。主要优点是减少了单个网络设备的复杂性，并且能够集中配置和控制作为单个端到端网络域一部分的各种设备。这是一个在传统移动基础设施中得到很好共鸣的概念，因为复杂的移动性或控制面信令总是与数据和语音用户面分开处理。但是，由于现在所有的通信都是 IP，所以有一种更容易的方法来集成移动控制面和传输控制面，以创建一个完全由软件定义的移动基础设施。

　　分解的缺点之一是碎片化，这是运营商在考虑策略时最关心的问题之一。然而，MEC 通过提供一个"聚合"平台，将分解的功能组合到一个可互操作和可扩展的环境中，为新的应用打开了直到最近还是难以想象的基础设施的大门。但 MEC 并不是最终目的地。相反，它是实现从单一系统和集中服务到完全分布式软件架构的更广泛的基础设施转换的第一步。它拥有同类最佳的小型软件网络功能，通过服务编排系统链接起来，在需要资源的时间和地点实时动态地分配资源。

当 5G 最终到来时，它将带来一个新的架构，引入一个新的层次的移动分解。但要实现这一目标，还需要许多技术基础、组织和流程调整以及新技能。与此同时，5G 和 LTE 将不得不共存多年，因为企业不会等到具有网络无处不在的时代的网络可用性才开始提供下一代服务。在现有的 LTE 网络中采用 MEC 策略，目标是坚定地向 5G 迈进，这是构建未来所需的基础设施、流程和组织技能的明智方式。

第6章

MEC 市场：供应商的角度

在本章中，我们将关注多接入边缘计算（MEC）供应商的市场前景。从硬件基础设施提供商到软件和应用程序开发者，有大量的潜在参与者可以从这个不断增长的市场中获益。我们将确定参与者，并讨论与 MEC 架构的每个元素相关联的机遇和挑战。

6.1　供应商的 MEC 机会

正如我们在本书开头所看到的，MEC 在网络的边缘提供云计算功能，为应用程序开发者和内容提供商提供了一个环境，可以构建新的低延迟应用程序，或者增强在高延迟公共云交付时性能不佳的现有应用程序。边缘和运营商网络核心之间的连接也受到带宽限制，因此边缘承载的应用程序可以避免这种限制，从而为将密集计算应用程序从用户设备移动到网络边缘打开了机会。通过向授权的第三方开放其无线接入网络（RAN），运营商将为其网络上的新垂直细分市场提供创新应用程序和服务的新生态系统和价值链。

MEC 还为新参与者提供了机会，这些市场在过去几年里都是由同一设备商主导的。通过提供针对边缘位置的需求和物理或资源限制而定制的硬件和软件，新参与者可以获得运营商基础设施的一部分市场份额，这些基础设施主要是专门为专用网络设备预留的，我们所说的是全球数十万个位置。

6.2　谁是潜在的 MEC 供应商

让我们进一步探讨谁是从 MEC 生态系统中受益的潜在供应商。这份清单并不详尽或精确，但探讨了 MEC 开拓的潜在机会和细分市场。

移动运营商：是的，正如我们在第 5 章中看到的，移动运营商也可以是 MEC 供应商。这些网络提供商为网络边缘提供源，使服务更接近用户。通过向第三方应用程序开放其优势，它们成了 MEC 功能的供应商。这一机会与一些运营商所表达的雄心壮志一致，即将它们的网络改造成一个平台，在这个平台上，新的创新性第三方应用程序可以轻松开发和部署。

应用程序开发者：这些公司开发从边缘计算中获益的应用程序，例如虚拟现实或增强现实应用程序。到目前为止，这些公司一直依赖于终端用户设备的计算能力和存储能力，以及当前网络提供的平均连接性和延迟。应用程序的开发必须配合强大的故障安全机制，以应对网络连接的潜在退化，这将任务关键型和低延迟应用程序排除在云端托管之外。许多任务关键型应用程序都是在用户设备上开发的，要求这些设备拥有强大的计算能力。智能手机和专用边缘设备的发展为开发者提供了一个不断增长的平台。然而，支持多种硬件类型和操作系统的要求使得应用程序开发者的成本非常昂贵。在网络的边缘拥有一个公共平台，以及低延迟、高带宽和无线网络信息的附加优势，为应用程序开发者创造了一个全新的可能世界。真正的大问题是，这种环境在运营商和地理位置上的开放性和普遍性是未知的。

顶级（Over-The-Top，OTT）参与者：它们是通过互联网提供服务的提供商，无论用户拥有什么样的网络提供商，都可以使用它们。虽然 OTT 服务将用户从网络运营商提供的服务（通常是语音和消息服务）中脱离，但仍有可能为获得最佳用户体验而形成伙伴关系并合作。当涉及 OTT 参与者和网络运营商时，总是会有网络中立的争论。然而，我们现在正进入一个新时代，运营商可以在传统连接的基础上提供"平台"类型的服务。

网络软件供应商：过去几年出现了一些较小的供应商，主要专注于开发基于软件的网络应用程序。网络功能虚拟化（NFV）和 SDN 标准的发展为这些供应商赢得市场份额创造了良好的环境。然而，它们与传统的电信公司有着激烈的竞争，这些电信公司通过降低传统技术的价格点或提供有吸引力的促销活动来维持其市场支配地位，以便一起过渡到 NFV。到目前为止，NFV 面临的一个挑战是，它一直专注于现有的网络功能，从单块迁移到基于软件，这为现有供应商提供了一个更安全的过渡路径，从而为电信客户提供了一个更安全的过渡路径。

MEC 在电信运营商网络中创建了一个全新的基础设施层，以及一组迄今为止还不存在的网络功能。这是一个新的领域，网络软件供应商可以探索和利用它们的核心软件专业知识和能力，以快速适应新的需求，因为它们不受任何历史技术轨迹的约束。

电信设备供应商：这些是网络基础设施的制造商，如诺基亚、华为、爱立信、思科等。就像电信架构演进的每一步一样，现有的第 1 层供应商最有可能成为新技术的供应商。可以理解的是，它们是新架构标准的最大贡献者之一——看看它们在 ETSI 工作组（包括 MEC）工作的员工人数，从而影响它们一些研发工作的结果。此外，通过它们对初创公司和其他小公司的收购也能看出来。

尽管在向电信运营商提供新技术方面处于领先地位，但这些设备供应商往往会推迟新技术的商业化，要么是因为它们会蚕食其他收入来源，要么是因为商业用例尚不清楚。这对于较小的、灵活的供应商来说通常是一个机会，可以使之更快地推进和获得市场份额。

IT 平台供应商：这些供应商创建应用程序运行的计算平台。主要参与者包括慧与、戴尔、华为等。虚拟网络功能的发展为传统 IT 硬件供应商创造了一个新的市场。除了为运营支持系统（OSS）和业务支持系统（BSS）应用程序提供传统电信 IT 数据中心之外，它们已经开始为新的以网络为中心的数据中心提供计算资源，由于网络功能的高弹性和 I/O 密集型需求，对计算机资源的需求更高。在架构方面，这些集中式网络数据中心与 IT 数据中心差别不大，因此可以使用相同的硬件类型。MEC 数据中心给计算硬件提供商带来了新的挑战和要求。靠近边缘意味着数据中心的占地面积要小得多，相应地会在电力和空调方面受到限制，因此需要新的高性能、低占地面积且更省电的硬件。Viavi、ADLINK 等公司一直在探索满足前面提到的需求的定制解决方案，从而获得市场份额。

有趣的是，像 Intel 或 NVIDIA 这样的芯片制造商正在努力支持在网络运营商社区中推广 MEC，以及开发简化 MEC 基础设施的框架，为什么？简单地说，MEC 的快速实现将为它们打开一个全新的市场，需要它们提供 CPU 和 GPU 来增强计算资源。

系统集成商：这些公司确保所有组件协同工作，例如硬件、软件和网络解决方案。系统集成商（SI）在更传统的 IT 环境中比较广为人知。在网络运营商基础设施中，系统集成通常在 OSS 和 BSS 空间中使用。当针对更传统的网络基础设施时，网络运营商一直将系统集成任务外包给它们的第 1 层网络供应商，试图通过捆绑设备和服务来降低总体成本。这种战术方法加深了它们对少数供应商的依赖，这些供应商借此机会进一步锁定其生态系统中的网络运营商。此外，这种方法也使网络运营商更难部署多供应商环境，因为提供系统集成服务的网络供应商没有动机来处理互操作的复杂性，而是更愿意销售自己的组件，为此它们创造了具有吸引力的价格激励。许多时候，运营商在内部保留了系统集成功能，以保持有效的多供应商策略。然而，它们的财务压力迫使它们将这些职能外包和离岸，以降低成本。这为拥有资源的 SI 们创造了一个机会，在低成本国家繁荣发展并获得市场份额。这种方法在处理可重复的低成本任务时有效，而在组装一个新的更复杂的架构（如 MEC）时就不那么有效了。

MEC 网络运营商将部署数百个甚至数千个远程站点，并且不可避免地需要与 SI 们合作以实现 MEC 的全面愿景。运营商不能在每次部署新的 MEC 站点时都陷入 MEC 组件的谈判、规划、工程设计和部署中。这只是它们的核心竞争力，因此需要 SI 合作伙伴。

很多 SI 一直在等待这个机会。问题是：传统企业是否已准备好投资？它们是否具备必要的投资技能？我们不再谈论使用必要的硬件、软件和操作系统来构建几个数据中心，而是在大量物理位置部署一个更复杂的环境。网络运营商应该寻找能够在自动化服务方面发展出必要能力的 SI，并一直开发智能工具，以便更快地部署和更有效地运行分散的基础设施。这是人工智能和机器学习发挥作用的地方，这不在本书的覆盖范围。

6.3　MEC 的收入和成本效益

Grandview Research 等市场研究公司预测，到 2025 年，边缘计算市场将超过 30 亿美元。在这个空间里肯定有价值可以创造。基本的问题是：哪些组织能够获取这种价值？如何获取以及何时获取？

让我们看看 MEC 将在哪些领域创造具有最高价值的机会，以及谁是从中受益的主要供应商：

网络效率：对于网络运营商来说，移动、固定、有线和其他互联网基础设施提供商都可以包括在内，最明显的好处将来自成本效率。这是它们通常采用的方法，因为它们仍然非常专注于提供语音和数据连接服务。数据连接性的指数级增长不断推动它们向更高效或更便宜的基础设施解决方案发展。

结合移动运营商为优化网络和减少资本支出而正在进行的 NFV/SDN 工作，MEC 可以成为它们工具箱中的另一个工具。理论上，它可以降低后端传输网络的带宽使用率和相关成本，使这成为它们关注 MEC 的第一个角度。

最有可能从这些收入流中获益的供应商是传统网络供应商，因为它们可以将这些网络效率服务与传统的 RAN、传输或核心组件捆绑在一起。看看最初的 MEC 用例，以及那些供应商在提到 MEC 时所谈论的内容，你就会理解它。

不动产：与边缘计算相关的最简单的商业模式就是空间。塔台运营商、移动网络运营商和蜂窝站点所有者可以依赖配置模式，向其他人收取特定的边缘位置费用。

在谈到 MEC 时，这可能是一个令人惊讶的新收入来源，塔台运营商可能会更感兴趣，而移动运营商则不然，它们正在寻求更高的利润率服务。另一方面，云服务提供商，如亚马逊、谷歌或 Microsoft Azure，也可能有机会开始在边缘不动产获得份额，并为移动网络运营商和其他垂直行业提供托管服务。

与依赖大型集中数据中心并总是倾向于较低的位置成本或潜在税收优势的公共云不同，边缘云依赖于高成本的滩头资产。我们讨论的是离用户足够近的位置，这些位置通常位于城市或郊区的办公地点，在那里物业成本往往更高。

企业服务：企业客户对推动业务效率的高质量连接服务的需求最高。它们一直在将一些关键的业务工具转向软件即服务（Software-as-a-Service，SaaS）提供商，这些提供商最有可能从新的边缘功能中获益。一旦处于边缘，提供 SaaS 解决方案的云服务提供商将能够从现有产品中获取更大的价值，或者能够为那些希望实现业务数字化并将更多关键业务流程转移到云的企业客户提供新的解决方案。简单地说，云服务提供商可以通过提供高级边缘选项来增加现有产品的利润。

尽管许多人认为这是传统 SaaS 提供商利用边缘托管的低延迟特性提供优质服务的空间，但更可能的是，新的参与者将浮出水面，提供迄今为止无法想象的新的关键任务功能。对于网络运营商来说，这可能是一个机会，可以摆脱成为"比特管道"的必然命运，并为其企业客户提供产品。如果它们很聪明，它们会寻找合适的合作伙伴，并通过联合知识产权（IP）、技术收购，甚至合资企业的方式，开发出正确的商业模式。

数据中心硬件：如前所述，在硬件方面，机会是显而易见的。边缘数据中心将需要部署和服务，这为各种硬件制造商及其上游供应商开辟了新的收入来源。边缘位置在空间、电源和空调方面受到限制，这将需要一套新的、更高效的硬件解决方案。尽管这为新的参与者打开了机会，但这些参与者很可能来自过去几年在硬件领域占据主导地位的典型亚洲国家。

应用程序：毫无疑问，将出现新的有价值的应用程序，供应商可以开发边缘计算环境。它可能以改善客户体验和品牌知名度的形式出现，而不是在现有服务（例如将高清内容流传输到数字广告牌）上直接盈利。最终，边缘计算会成为 NFV、SDN 和 5G 之外的另一种工具。盈利机会是存在的，问题只是组织希望在哪里解锁价值，以及它们能获得多少价值。

6.4　供应商面临的主要挑战

6.4.1　在移动网络边缘建立分散的数据中心

对于网络运营商来说，在它们的网络中构建类似 IT 的基础设施仍然是一个相当新颖的问题，这给它们在遵循 MEC 基础设施最佳采用方法方面带来了挑战。这可能会导致一种典型的、更保守的策略，有利于长期的供应商 – 供货商关系，这倾向于传统的电信供应商，而不一定有利于探索人们可能期望的创新水平。

最近出现了一些行业举措，如 Linux Foundation Akraino Project⊖或 Telecom Infra Project-Edge Computing Project，这是创建一个电信运营商可以用来加速边缘计算数据中心的开发的框架的首次尝试，无须依赖复杂的只能通过成熟的 IT 或网络供应商提供的传统 IT 解决方案。然而，这将需要电信运营商和新的创新型小供应商之间采取更具有合作性的方式，以便共同开发新的基础设施，并从更多供应商的"开源"方法中获益。

6.4.2　保护和固定 MEC

可能通常未说出口的最大挑战是安全。多年来，网络运营商一直在部署从物理和逻辑上将用户数据传输与网络控制层分离的架构。所有的基础设施安全性和流程都建立在这种明确分离的前提下。自从向 NFV 发展以来，安全一直是网络运营商最关心的问题之一，它们一直在将解决问题的责任从架构和功能的角度推给它们的供应商。随着 MEC 通过无线网络信息服务（RNIS）进一步开放了一些关键的网络控制机制，其暴露程度更高。

　⊖　www.lfedge.org/projects/akraino/。

MEC 网络或设备可能会受到各种威胁和危害,网络运营商和供应商都应该意识到这些威胁和危害并能够减轻它们[⊖]。下面列出了一些 MEC 架构或设备容易受到的最常见或最有破坏性的攻击。

6.4.2.1　泄露协议

MEC 系统容易遭受的最严重的攻击之一是不安全的互联网协议的泄露。如果黑客已经破坏了边缘系统,他们可能能够读取和修改通过 MEC 基础设施的任何数据或网络流量。为了提供低延迟服务,网络运营商必须终止加密的数据隧道,这些隧道通常一直延伸到移动网络的核心,从而使 MEC 基础设施内的流量受到攻击。

尽管互联网流量越来越多地使用加密协议进行传输,但大部分剩余流量使用默认不安全的协议,因此,应始终考虑可能需要保护的内容以及此类协议(如主要用于电子邮件的 SMTP 和主要用于不安全的网络浏览的 HTTP)的泄露可能对企业和网络运营造成的影响。

6.4.2.2　中间人攻击

说到协议,除了某些类型的安全措施外,它们也可能容易受到中间人攻击。这些类型的攻击是指黑客或恶意代理拦截、中继并潜在地改变两个或多个认为彼此直接通信的各方的通信。

DNS 协议特别容易受到此类攻击,但是其他协议(如配置不当的加密协议)也可能容易受到中间人攻击。

6.4.2.3　策略强制功能丢失

策略强制功能(如 VPN 终止、IP 白名单或 MPLS/VLAN 标记)的丢失也可能对系统和网络完整性产生极其显著的影响。确保在部署 MEC 系统之前考虑到这些情况,有助于降低其可能性。

⊖　www.lanner-america.com/blog/multi-access-edge-computing-part-2-security-challenges-protecting-securing -mec/

所有希望在 MEC 架构上投资的人都需要了解并知道如何应对依赖于强制安全措施的边缘设备的失效。如果这些措施失效，入侵你系统的黑客可能会访问到受侵边缘设备的所有数据。

6.4.2.4　数据丢失

由于安全和保护措施不足，最明显的风险是数据被那些可能希望拦截和窃取数据的人所利用。不仅个人和敏感数据有被拦截的风险，边缘设备生成的元数据（详细说明连接的边缘设备的数据类型和来源）也存在被拦截的风险。

诸如用户访问的服务和应用程序、连接到网络的人的身份以及通过其他未加密数据（如电子邮件内容和收件人）获得的所有详细信息，都可能被别有用心的黑客通过适当的资源和手段进行访问。

供应商发挥着关键作用，它们必须准备好解决安全问题，并为电信运营商提供必要的机制，以便在基础设施层和数据传输层上监控和实施必要的安全措施。

6.4.3　发展合作和健康的生态系统

MEC 为供应商开辟了一个新的生态系统，合作伙伴关系对于这个市场的健康发展至关重要。没有一家供应商拥有一整套完整的解决方案来满足 MEC 的所有需求。供应商整合总是发生得越早越好，但这可能会限制创新和开发真正差异化能力的步伐。这对供应商和网络运营商来说都是一个挑战：有机会为网络基础设施开放构建、运营和提供网络服务的新方式，这取决于所有行业各方的利用。

6.5　如果机会不限于电信公司呢

听说过私有 LTE 网络吗？高通公司表示：

> 如今，几乎所有行业的进步企业都在追求软件驱动的运营模式，利

用分析、自动化和机器通信来提高生产率。这些过程由无线网络解决方案新浪潮支撑，这些解决方案在非常密集、面向机器的环境中提供可扩展的控制和极高的可靠性。从工业 4.0 车间自动化，到露天矿自动控制卡车，到配电电网，到物流和仓储，到场地服务，以及更多的用例，无线网络是实时过程自动化的关键，可以释放惊人的生产率效益[注]。

这些要求听起来熟悉吗？它们非常符合 MEC 致力于在网络边缘提供的能力。

6.5.1　什么是私有 LTE 网络

一些行业正在寻找更强大的通信解决方案，以满足其关键任务系统所需的高性能水平。目前的公共 LTE 网络无法提供所需的服务级别。因此，需要寻找能够满足日益增长的对于生产至关重要的自动化和移动性需求的专用解决方案。

控制自己的网络环境的企业组织可以更容易地为自己的目的优化它。开放接入频谱的可用性，如美国的 3.5GHz 频段和全球 5GHz 的未授权频段，使得几乎任何组织都有可能部署和运营私有 LTE 网络（如图 6.1 所示）。

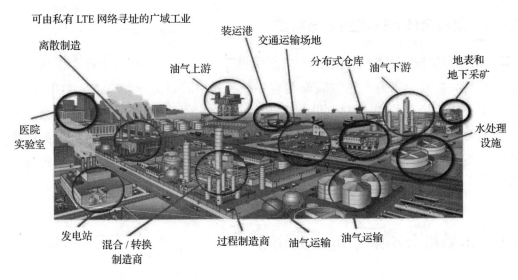

图 6.1　考虑私有 LTE 网络的行业示例（来源：高通公司）

⊖　www.qualcomm.com/media/documents/files/private-lte-networks.pdf

6.5.2　是否考虑将 MEC 用于私有 LTE 网络

不一定。私有 LTE 网络背后的动机是为企业建立和运营自己的私有网络，与公共网络完全隔离。这使它们能够控制哪些设备可以访问网络，并确保必要的体验质量（QoE）。大多数情况下，企业都假设在每个位置上构建本地化的私有网络，从而形式跨不同地理位置的多个实例。

采用 MEC 架构，可以通过显著简化总体架构和降低成本来实现相同的目标。企业不必为每个园区 / 建筑位置构建多个分离的移动核心基础设施，而是可以为每个园区 / 建筑构建一个分布式的 MEC 平台，以及一个单一的集中核心（例如：一个服务于一个国家或州内所有地点的核心）。这大大简化了跨多个位置的操作，并提供了跨不同位置的无缝访问，同时实现了通过本地 MEC 基础设施提供特定本地化服务。

6.5.3　MEC 供应商的机会是什么

在"绿色领域"方法中，采用新的解决方案的欲望更高，能够提供更有效和更具前瞻性的解决方案。通过与计划建设私有 LTE 网络的企业合作，供应商可以利用其对传统网络的知识以及对关键任务应用程序及其网络需求的理解。这类客户清楚地知道他们希望在边缘运行哪些应用程序以及其连接性需求，这一事实大大简化了业务案例的讨论，并创建了一个良好的初始环境，以有效地利用 MEC 功能。总而言之，没有比一个具有明确业务需求的"绿色领域"方法更好的机会来从头开始 MEC 部署，而不是对现有（复杂）基础设施进行重大改造。

第 7 章

MEC 市场：顶级参与者的角度

在本章中，我们将讨论顶级（OTT）参与者进入多接入边缘计算（MEC）市场的各种方法，以及选择某种方法的原因。

7.1 OTT 进入边缘的方法

第 3 章已经强调了通信服务提供商（CSP）、OTT 应用程序和云服务提供商之间的潜在互动。通过 MEC，CSP 可以向 OTT 服务提供商提供服务。在本章中，我们将从 OTT 提供商的角度研究这个问题——它们为什么以及如何利用 CSP 必须提供的 MEC 服务。

"为什么"是相当直截了当的。除了少数例外，云服务提供商和云应用程序提供商无法访问物理位置，而是位于用户的物理位置附近。随着新兴应用程序的需求驱动接近终端用户的需要，CSP 的自然邻近性成为 CSP 和 OTT 参与者之间的业务关系的基础。

在本章的其余部分，我们将集中讨论 OTT 参与者可能进入 MEC 市场的各种方法，以及选择某种方法的原因。我们首先从 CSP 的角度来考察 OTT 参与者的类型。一般来说，Over-The-Top 指的是与 CSP 的接入网络的主要交互是 IP 管道的任何实体。我们可以将这些参与者分为三大类：

- 云服务提供商，例如 Microsoft Azure、Amazon Web Services（AWS）和腾讯。
- 基于云的软件即服务（SaaS）提供商，可能包括云提供商提供的 SaaS 服务，但也包括其他参与者，例如 Oracle。
- 基于云的应用程序提供商，可能是小型应用程序开发者，也可能是大型分布式应用程序（例如游戏或车辆自动化）开发者。在这种情况下，区分小型和大型应用程序提供商通常很有用。具体而言，这些可能在以下几个方面有所不同：
  - 大型应用程序提供商具有与大量 CSP 签订直接协议的能力和规模，而小型应用程序提供商可能没有。
  - 大型应用程序提供商可以请求对运行其应用程序所需的定制硬件的支持，而小型应用程序提供商（如果它们是云应用程序提供商）必须仅假设通用的抽象资源。
  - 大型应用程序提供商可能有能力支持自己的硬件部署，并在大型分布式云上实现应用程序部署，而小型应用程序提供商则没有。

在第 3 章中，我们分析了 CSP 可能用于处理 MEC 市场的商业模式，并按照参考文献 [76] 中的分析，确定了其中的 6 种模式。其中，边缘托管 / 共址和边缘 XaaS 可能是 OTT 参与者遇到的两种最常见的 CSP 商业模式。参考文献 [76] 中列出的其他 3 个模式涉及 CSP 在应用程序交付过程中的重要参与，因此不能被视为 "Over-The-Top"，而我们添加的第 6 个模式则侧重于优化 CSP 的内部运营成本。因此，我们将重点放在边缘托管 / 共址和边缘 XaaS 上，并针对我们已确定的 3 种 OTT 参与者，研究每种 MEC 模式的优缺点。

7.2　边缘托管 / 共址

我们从边缘托管 / 共址方法开始。在这种商业模式中，OTT 参与者为 MEC 站点带来了自己的完整解决方案，包括必要的硬件基础设施。CSP 必须提供空间（通常在机架上）和电源。它通常还提供在其接入网络上访问流量的能力。然而，这不是一个普遍的需求。同样，到互联网的传输（从而到 OTT 的主云）通常由 CSP 提供，但不一定必须如此。

从 OTT 提供商的角度来看，这使它们能够完全控制分布式云的这一部分。这也是它们在边缘提供基础设施即服务（IaaS）的唯一途径。因此，这种模式对大型云提供商可能相当有吸引力——它们需要控制权，并使它们能够将其全部产品扩展到边缘。在应用程序需要通常不在云部署中出现的特定硬件或操作系统功能（例如：实时操作系统）的情况下，这使得在边缘部署此类系统成为可能。

然而，这种方法有许多缺点。OTT 参与者必须完全管理它们的边缘云。这通常包括硬件的维护，意味着必须建立流程和组织来完成这项工作，而每个位置的基础设施很少。对于云提供商来说，这与典型的云数据中心部署不同，后者将大量硬件基础设施集中在少数位置。对于其他参与者来说，这意味着需要重新拥有和管理大量硬件（尤其是重要的相关资本支出），而这些正是云技术的出现所消除掉的。在小型参与者的情况下，这是完全不可能的。

另一个缺点是超出了云部署的典型尽力而为服务模型的 SLA（即服务水平协议）的提供。CSP 提供的服务包括关键基础设施和有保证的 QoS 类型的服务。因此，它们会让自己的网络和内部云能够满足如此严格的 SLA 要求。在共址市场模式中，OTT 参与者不能访问任何一个云，如果有必要，必须设计自己的云来满足如此严格的 SLA。

因此，在两个特定的 OTT 案例中，共址模式最具吸引力。第一个是需要完全控制边缘云并希望在边缘提供 IaaS 服务的大型（Web 规模）云提供商。第二个是需要定制基础设施和操作系统的大型应用程序提供商（例如：一个洲的规模的车辆自动化提供商）。在这两种情况下，OTT 参与者的规模使得处理运行自己的边缘云所带来的维护和操作问题变得可行且经济合理。

7.3　XaaS

在 XaaS 模式中，CSP 拥有并管理 MEC 各地的云基础设施，并将此基础设施作为服务提供给各种 OTT 提供商。由于物理基础设施归 CSP 所有，CSP 负责该基础设施的运行和维护。OTT 参与者也不承担任何资本支出。这使得这种方法对已经完全在云端的 OTT 参与者和那些根本没有达到在全球范围内运营基础设施的规模的参与者具有吸引力。

CSP 拥有和运营的基础设施的另一个优势是能够提供 SLA 差异化的服务。考虑到内部云的需求，CSP 拥有如何设计和部署边缘云基础设施的内部知识，这些基础设施能够满足关键基础设施、公共安全和高可用性（例如工业自动化）等方面的要求。这些 SLA 在现有的云部署中并不常见。然而，在 CSP 运营的基础设施中，应用程序可以简单地请求这样的 SLA 作为服务的一部分（估计还会有相关联的成本）。

应用程序部署问题也是一个重要问题。了解何时何地部署应用程序组件的边缘实例是一项非常复杂的任务，如果出错，可能会对用户体验和成本产生重大影响。虽然一些应用程序提供商自己也会这样做，但许多，尤其是较小的应用程序提供商，缺乏这样做的规模条件和专业知识。使用 XaaS 模式，CSP 可以接管，将其作为一项服务提供给在其边缘云上运行的应用程序（例如：作为与 OTT 应用程序提供商签订的 SLA 的一部分）。CSP 也可以提供其他类似的服务，包括：

- 分布式边缘存储的数据分发。
- 访问设计良好的分布式边缘数据库。
- 安全相关服务（用于边缘访问、授权等）。
- 其他增值服务。

虽然其中一些也可以在边缘托管市场模式中提供，但是 XaaS 方法使提供和使用这些工具变得更加简单。

XaaS 市场模式也有缺点。最重要的一点是 OTT 参与者不能在这种模式下提供 IaaS 服务（IaaS 不可嵌套）。幸运的是，其他类型的云资源即服务模式（PaaS、FaaS）是可能的，因此这一限制主要针对以传统方式提供 IaaS 的非常大的 OTT 运营商。

第二个限制是云资源仅限于 CSP 所部署的资源。例如：如果 CSP 在边缘云中的 GPU 能力非常有限，GPU 密集型应用程序可能无法在此类云中正常运行。

我们在图 7.1 中总结了我们的讨论，图中试图同时表现 MEC 市场模式和各种 OTT 参与者类型的各个方面。在 MEC 市场模式方面，白色表示完全支持某个功能，黑色表示缺乏支持或提供该功能存在重大问题。最后，灰色表示支持可能受到限制。对于 OTT 参与者类型方面，圆点表示对某个功能的高需求，而条纹则表示低需求。左边的白色和右边的圆点匹配的程度以及左边的黑色和右边的圆点不匹配的程度是一个很好的指标，表明一个特定的 MEC 市场模式对每种特定类型的 OTT 参与者有多合适。

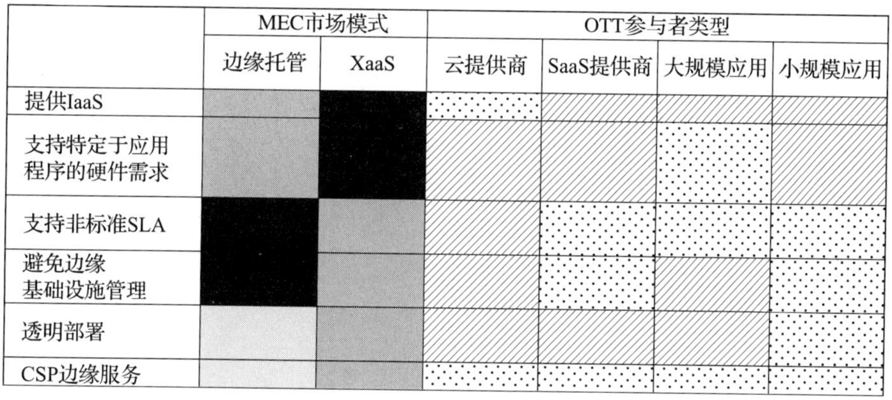

	MEC市场模式		OTT参与者类型			
	边缘托管	XaaS	云提供商	SaaS提供商	大规模应用	小规模应用
提供IaaS						
支持特定于应用程序的硬件需求						
支持非标准SLA						
避免边缘基础设施管理						
透明部署						
CSP边缘服务						

图 7.1　可视化 OTT 视图 [44]

第 8 章

MEC 市场：新的垂直市场的角度

本章将从垂直细分市场的角度描述多接入边缘计算（MEC）的主要优点。我们将首先描述垂直市场的异构生态系统，然后提供更详细的案例研究，例如汽车行业的一个有意义的例子。

8.1　5G 方程式中的新参与者

说到手机，当主要讨论 2G 语音通信时，人们普遍认为移动运营商是通信市场的主要参与者，至少在传统上是这样。

尽管如此，随着移动数据和宽带连接（即 3G 和 4G）的出现，新的利益相关者也加入了这场游戏，即所谓的顶级（OTT）参与者。这些公司，如谷歌、Facebook、Netflix、亚马逊等，通常提供跨 IP 网络的服务，默认情况下，运营商网络是一个简单的"比特管道"。因此，即使运营商仍然是基础设施的主要所有者，OTT 参与者也在利用其网络向终端客户提供增值服务（例如：视频内容和流媒体服务）。因此，就全球收入而言，我们也可以说，这些公司在几年内占领了大部分市场份额，基本上是从零开始的。此外，这一趋势似乎并未停止：事实上，根据预测，2023 年全球 OTT 收入预计将翻番（与 2018 年相比）[78]。

最近，其他新的参与者也加入了这个行列，即所谓的垂直细分市场。这些公司通常来自不同的、异构的业务领域，为通信系统开发新的用例，例如：

- 汽车和合作车辆；
- 虚拟现实 / 增强现实；
- 物联网（IoT）（传感器、雾节点等）；
- 未来的机器人和工厂；
- 电子健康和移动健康；
- 垂直媒体和娱乐；
- 能源工业应用。

这些通常也对应于 5G 用例，行业垂直领域确实带来了新的技术要求，并实际推动了通信系统朝着 5G（及更高）的方向发展。大多数市场预测还强调，来自垂直流的收入在未来将增加，而且其增长量有可能超过语音和传统数据服务的价值下降量。图 8.1 以定性的方式显示了所描述的趋势，从而将服务波动及其收入流与网络演进联系起来（关于所谓的"波动"的更多细节，感兴趣的读者可以查阅参考文献 [77]）。

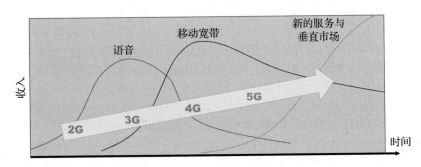

图 8.1   与网络演进相关的服务及其收入流的波动图

作为一个重要的澄清，新的收入流预计不会主要由运营商获得。相反，生态系统正变得越来越复杂，并强加了不同的商业模式，包括合作、收入共享、不同级别的伙伴关系等。作为 5G 垂直市场创造的新市场价值的一个有意义的例子，我们可以考虑物联网：根据 GSMA 预测 [79]，2024 年生态系统中物联网总收入将达到 43 000 亿美元左右，而预计只有 86% 将被该领域的运营商获得。同样，我们也可以预测，其他 5G 服务也将呈现出这种价值碎片化的特征。

8.1.1 垂直市场在 5G 系统中的作用

再次以物联网空间作为 5G 系统驱动因素的例子，4G 系统的一个普遍公认的局限性是，它没有被设计为（例如：在信令方面）可以有效地扩展，以实现大规模的机器类型的通信（在未来几年，预计会有大量的连接设备产生）。事实上，这一趋势被普遍认为是区分 4G 和 5G 系统的主要因素之一。我们谈论的是无数传感器和低成本、低功耗的设备，但也包括收集数据和与云基础设施通信的任何连接设备⊖。

另一个影响 5G 出现的垂直行业的例子是汽车行业，尤其是工业自动化和机器人行业，在这些行业中，超可靠和低延迟的通信对服务交付至关重要。虚拟现实 / 增强现实用例也是如此，它们可应用于许多场景（从远程驾驶和辅助，到游戏和高级社交网络应用程序等）。

总之，每一个新的垂直方向都对即将到来的通信系统提出了新的、异构的要求。此外，对于这些用例中的大多数，边缘计算是一种关键的支持技术（以及无线电接口），因为它在低延迟和节省网络数据传输方面提供了多种好处。为了更好地关注垂直市场的 MEC 效益，我们需要分析各种行业垂直领域及其与 5G 和 MEC 的关系。

8.1.2 垂直细分市场及其影响

以下垂直细分市场的列表并不详尽，但提供了不同行业的概述，有时也按类别分组⊖。细心的读者可能会发现，定义每个垂直市场并非易事，因为所有这些行业都有许多不同的利益相关者，而传统企业往往不仅随附着像小企业这样的新参与者，还随附着运营商和数字化转型的大巨头。此外，人们还可以预期，作为典型的"颠覆者"到来的初创企业，也可能改变市场构成（正如爱彼迎和优步分别针对房地产和出租车市场所做的那样）。尽管如此，对行业和公司的初步分类仍然是分组用例和确定 MEC 需求的良好起点（见表 8.1 至表 8.5）。

⊖ 在谈到物联网时，有些人还提到雾。
⊖ 细心的读者可能会注意到，有时，一家公司原则上可以分为多个纵向分类。除此之外，公司可能会扩大业务，开始专注于最初不存在的领域。基于这些原因，上述分类不应被视为一种限制，而应被视为一种工具，用于识别非常复杂的需求对 MEC 的主要影响。

表 8.1   智能交通

行业	汽车行业、铁路系统
公司示例	BMW、Daimler、FCA、DB
相关机构和协会	5G 汽车协会（5GAA）、汽车边缘计算联盟（AECC）
描述	该行业主要由汽车制造商和汽车供应商的生态系统驱动。它们的需求源于通过利用 5G 和 MEC（即网络边缘的云计算）为联网和自动驾驶汽车提供解决方案。这一部分的创新是相对较新的，因为传统上这个生态系统不考虑网络连接或 MEC。直到最近，5GAA 和 AECC 等协会才将来自两个领域（汽车和通信）的利益相关者聚集在一起，以促进对话，并就联网和自动驾驶汽车解决方案的实际实施建立共同的理解基础
用例与 MEC 的相关性	一个综合的用例列表对于联网汽车应用程序是非常重要的。它们中的大多数都需要高性能的网络连接和边缘计算能力。在 8.1.2 节中，我们将提供关于汽车垂直方向的广泛案例研究
MEC 带来的主要好处	包括低延迟和数据传输节省，以及安全性（也与网络边缘的信息本地访问有关）

表 8.2   智能制造

行业	工业自动化、云机器人
公司示例	博世、ABB、西门子、倍福、奥迪、HMS
相关机构和协会	5G 互联工业和自动化联盟（5G-ACIA）
描述	该行业主要由制造企业和工业自动化供应商的生态系统驱动。它们的需求源于需要通过利用 5G 和 MEC（即网络边缘的云计算）为互联和自动化的行业提供解决方案。这一部分的创新是相对较新的，传统上这个生态系统没有考虑网络连接或 MEC。最近，像 5G-ACIA 这样的协会将来自两个世界（工业自动化和通信）的利益相关者聚集在一起，以促进对话，并就解决方案的实际实施领域建立一个共同的理解基础
用例与 MEC 的相关性	有几个用例来自工业自动化领域，主要显示了在未来工厂使用 5G 的必要性。有前途的应用领域包括通过机器人和运动控制应用进行物流供应和库存管理，以及设备和物品的操作控制和定位。特别是，当这些利益相关者重新考虑现有流程并引入新流程来传输、处理和计算生产数据时，与边缘计算的相关性尤其明显。一个例子是通过边缘计算方法支持关键工业应用的本地数据中心。在这种情况下，工业应用程序可以在边缘数据中心本地部署，以减少延迟
MEC 带来的好处	主要是由于低延迟，但更一般地说，这与转向基于软件的解决方案的可能性有关

表 8.3   娱乐和多媒体

行业	游戏、VR/AR 和内容分发网络（CDN）
公司示例	索尼、杜比、Akamai、Sky
相关机构和协会	虚拟现实产业论坛（VR-IF）、虚拟现实增强现实协会（VRARA）等
描述	该行业由 VR / AR 生态系统中的娱乐、游戏和创新公司以及视频和内容提供商等众多利益相关者组成。特别是，VR / AR 技术本质上专注于人们如何与现实世界互动和体验，如何娱乐，如何向他们提供服务。该领域的不断创新一直对网络连接性及最近的 MEC 提出了严格的要求

（续）

描述	像 VR-IF 这样的行业协会正在将应用程序、内容创建者和发行者与消费电子制造商、专业设备制造商和技术公司聚集在一起。VR-IF 不是标准开发组织（SDO），而是与它们合作制定支持 VR 服务和设备的标准。最近，在 VRARA 中，将成立一个新的 5G 行业委员会，以追求以 VR / AR 为重点的 5G 网络用例和需求，以确保由此产生的规范能够满足这一关键行业领域的需求。该委员会的工作也将与 MEC 有关
用例与 MEC 的相关性	我们需要利用通信网络来支持这些关键应用程序，提供所需的性能，例如毫秒级的延迟。边缘计算是实现这种性能所必需的
MEC 带来的好处	延迟是最主要的问题，这对于为终端用户提供实时多媒体服务至关重要。从远程云迁移到边缘云是技术的自然演变

表 8.4　电子健康

行业	远程协助、远程医疗、联网医院
公司示例	医院、医疗中心、政府、初创企业（Reliant）以及大型数字化公司（谷歌、苹果、IBM）
相关机构和协会	个人互联健康（PCH）联盟
描述	医疗保健数字化是一个广泛的领域，包括基于云的医疗记录到数字药丸，因为几乎医疗行业的所有方面都在转型。此外，医疗过程和医疗产品在未来会产生大量的数据。将病人和医生与所有医疗信息联系起来是数字健康公司的工作。由于这些原因，这个行业不仅包括大型医疗公司，还包括初创企业和新参与者，它们共同推动数字健康应用程序生态系统（例如：为用户提供医疗记录、医疗任命信息和处方访问）。此外，远程医疗是另一个新兴领域，包括许多用例（新颖的治疗服务、高分辨率视频、远程呈现、增强现实、虚拟现实等）。这一领域也刺激了一个巨大的可穿戴和联网设备市场，称为医疗物联网（IOMT），由一系列支持监控的智能 / 移动传感器和医疗设备组成，旨在帮助促进医药行业。对于所有这些应用程序，这是一个统一的趋势，也使越来越多的技术（如区块链或人工智能）应用于医疗保健
用例与 MEC 的相关性	电子健康用例的典型示例是医院内部的 5G 无线连接，可实现远程或机器人外科手术，并可能包括高质量和低延迟的视频传输，或精心制作的 3D 图像和大图像数据，或再次与 VR / AR 应用程序和设备结合
MEC 带来的好处	本质上，边缘计算将提供低延迟，并且有可能启用 VR / AR 应用程序、远程 / 机器人手术用例以及在网络边缘增加处理与计算。另外，移动医疗市场发展的障碍之一是大多数公立医院的信息系统开放性低，标准化程度低，数据共享能力低。MEC 作为数据交换互操作性的适用标准，可以在此方面提供帮助

表 8.5　智慧城市

行业	能源效率、智能建筑、智能电网、旅游业
公司示例	施耐德电气、思科、三菱、东芝
相关机构和协会	OpenFog Consortium（OFC）
描述	许多用例可以归入"智慧城市"一类，涉及大量传感器和连接设备的使用（在这个上下文中也称为雾节点）。因此，一个庞大的利益相关者生态系统正致力于这一领域。

（续）

描述	作为一个相关的行业组织，OFC 成立于几年前，旨在通过一个蓬勃发展的 OpenFog 生态系统，为雾计算创建一个开放的参考架构，建立操作模型和测试平台，定义和推进技术，引导市场，促进业务发展。目前，OFC 已并入工业互联网联盟（IIC），该联盟涵盖所有物联网领域，包括能源、医疗保健、制造业、采矿业、零售业和运输业
用例与 MEC 的相关性	如果物联网的出现是 5G 系统的驱动力之一，那么另一方面，边缘计算又是物联网和智慧城市的关键支持技术。支持智慧城市的 MEC 用例示例包括：有源设备位置跟踪、安防以及数据分析和大数据管理（例如通过大规模传感器数据预处理）
MEC 带来的好处	本质上，边缘计算将提供低延迟，并有可能在网络边缘本地处理来自传感器和连接设备的大量数据

8.2 MEC 的好处：垂直市场的角度

正如我们在 8.1 节中所看到的，所有行业垂直领域对启用 MEC 的 5G 系统施加有不同的多个 KPI。从通信的角度来看，所有这些需求会导致一个异构网络，例如：需要通过网络切片进行管理。事实上，网络切片是一个重要的工具，它允许通过灵活分配专用（无线和核心）网络资源来管理和满足异构 KPI。另一方面，MEC 系统是所有这些已识别用例的应用程序端点，它被期望有助于 E2E 性能（即，从运行在终端/设备上的应用程序客户端到运行在 MEC 主机上的边缘服务器实例）。

在后面的小节中，我们将总是从"垂直市场"的角度（即，不一定由特定运营商驱动的角度）概述所有细分市场共同的主要 MEC 收益：从性能提升的需要，到运营商所有权和控制权的解锁，以及采用标准作为保证可互操作的 IT 解决方案的手段。

8.2.1 性能提升

从服务级别的角度来看，垂直市场将网络 KPI 视为优先。具体来说，E2E 延迟通常是 MEC 所提供的巨大和明显的好处中最常见的 KPI 之一[⊖]。然而，实际 MEC 性能应就不同的部署选项进行比较（如图 8.2 所示），因此 MEC 的收益取决于所考虑的特定垂直市场/用例（图的左侧）。

⊖ 另一方面，数据传输的节省也是边缘计算的一个重要优势。然而，这方面应该更多地从运营商的角度考虑，运营商实际上是在运营通信网络，而不是运营行业垂直领域。

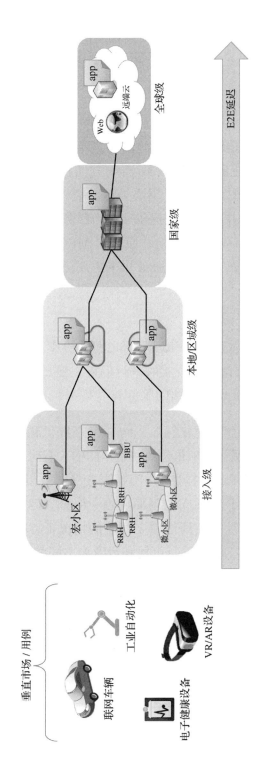

图 8.2　不同的 MEC 部署选项和相关的 E2E 延迟性能

在延迟的上下文中，特别是当延迟约束很关键（例如几毫秒）时，无线接入起主要作用。从这个角度来看，5G 连接和超可靠低延迟通信（URLLC）的引入是垂直行业的一个关键优先事项，特别是对于一些延迟和任务关键型服务，例如汽车、工业自动化和 VR/AR。

总体而言，由于目标是确保端到端的性能，所以网络基础设施（属于 3GPP 领域）和 MEC 基础设施在满足这些 E2E 需求方面都扮演着关键角色。从商业角度来看，5G 网络和 MEC 系统都有望成为运营商领域的一部分，运营商最有可能托管整个基础设施，并向第三方提供（作为服务），从而计划与各自的垂直市场达成交易。因此，不仅是 5G 网络，原则上 MEC 系统也会影响垂直市场和 MNO 之间的服务水平要求（SLR）和服务水平协议（SLA）。

8.2.2　运营商解锁

即使这些年来出现了垂直市场和运营商之间的协作方式（即推动了 5G 系统开发的许多需求），但最近，垂直行业的平行倡议也显示出，它们迫切需要提供与运营商不同（或至少独立于运营商的服务）。

最明显的例子来自工业自动化领域，与向公众提供移动网络服务的网络不同，一些已确定的场景预见了 5G 非公共网络（NPN，有时也称为私有网络），为明确定义的用户组织或组织团体提供 5G 网络服务[80]。在其中一些场景中，NPN 和公共网络共享无线接入网络（或控制面）的一部分，因此可以实现某种程度的共享，例如通过网络切片。在其他独立部署的情况下，NPN 可以作为独立的 NPN 进行部署。另一方面，显示垂直市场和运营商之间的这种双重 / 有争议的关系，是对传统上仅由移动网络运营商拥有的资产——频谱的使用。在一些国家，监管机构允许垂直行业申请特定用途（例如工业自动化）的频谱。因此，工业自动化利益相关者为了能够通过利用先进的通信网络在其生产设备上实现创新，同时保护其隐私、数据所有权等，他们明显有很多研究选项。

从边缘计算的角度来看，垂直市场通常倾向于将云解决方案视为基础设施的混合体：由于 MEC 应用程序原则上是可以方便地放置在许多位置的软件实例，因此一些关键工作负载（或机密数据库）最好运行（存储）在私有云中，而其他实例可以部署在 MNO 基础设施中。在这些情况下，主要关注的当然是安全性，因为垂直市场主要是为了维护与终端客户的关系，这些客户表示同意为特定服务的提供而共享个人数据或任何类型的机密信息。

总而言之，尽管目前还不完全清楚垂直市场在终端将采用哪种技术解决方案和协作级别（以及相关的商业模式），但事实上 MEC 如今已被视为一种工具，并为它们提供了部署服务的多种选项和自由度。

8.2.3　MEC 作为 5G 中 IT 互操作性的推动者

E2E 服务部署的另一个重要方面是认识到行业垂直领域参与者需要与技术提供商（从移动运营商到基础设施提供商、芯片制造商、系统集成商、应用程序提供商等）组成的生态系统进行协作。在这个由多个利益相关者组成的复杂环境中，E2E 解决方案需要在所实施的不同模块之间建立适当的通信接口（尤其是当不同的应用实例由不同的公司开发、需要交换数据或生成 / 使用公共数据集（例如来自传感器和摄像机的数据集）时）。特别是，MEC 作为边缘计算的唯一国际标准，为实现数据交换的互操作性提供了一种明显的手段。在这种情况下，ETSI ISG MEC 指定的标准 API 实际上是在定义数据类型和格式以及合适的消息（通过 RESTful 命令），这些消息可以帮助应用程序开发者设计完整的解决方案，其优点是支持可移植性，并缩短服务创建、操作和管理的上市时间。

8.3　5G 垂直市场：商业方面

我们已经看到，所有描述的垂直细分市场都在推动流量激增，并对 5G 系统的引入提出了新的要求。图 8.3 显示了按流量类型区分的预期连接数。

然而，对于每个连接（与特定垂直细分市场相关），为了正确识别不同垂直细分市场的目标市场，值得考虑具体预测、相关预期收入。事实上，不同的垂直细分市场针对的是不同的市场（每一个市场都有其自身的特点，即潜在的收入和服务的预期推出年份）。以下是对每个确定垂直市场的不同总目标市场（TAM）的概述：

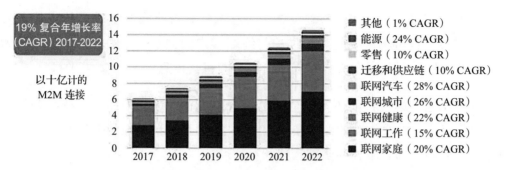

图 8.3　按行业划分的全球 M2M 连接增长情况（来源：思科 [82]）

- **汽车**：根据 Riot Research[81] 的预测，汽车联网市场的总规模将从 2017 年的 70 亿美元增长到 2023 年的 292 亿美元。这当然包括所有收入来源，也就是说，从蜂窝式远程通信硬件的收入到移动网络运营商的连接收入，转售联网汽车数据、V2X 硬件销售和联网汽车服务订阅的收入。具体来说，蜂窝硬件的年收入将增长至 19.8 亿美元（与 4.27 亿辆联网汽车的总销量相关），而更大的收入部分预计将来自年联网汽车数据收入（137 亿美元）。

  - 从 MEC 的角度来看，实际的市场潜力取决于 MEC 主机的部署规模，例如：MEC 主机是将与路边单元（RSU）或蜂窝无线电基站部署在同一位置，还是将再次与一个基站集群（cluster）相关联。这个选择将取决于基础设施所有者（主要是 5G 移动运营商）。

- **工业自动化**：根据参考文献 [83]，预计 2025 年全球工厂自动化市场规模将达到 3680 亿美元（2017 年为 1910 亿美元），2018 年至 2025 年的复合年增长率为 8.8%。它包括使用计算机、机器人、控制系统和信息技术来处理工业过程（图 8.4）。

  根据对智能制造市场的其他估计 [84]，预计 2023 年全球收入将"达到约 4790.1 亿美元，2018 年至 2023 年的复合年增长率略高于 15.4%。全球企业对智能制造技术的采用将为自动化操作提供机会，并使用数据分析来提高制造绩效"。

图 8.4　工厂自动化市场的不同组成部分

- 在这方面，由于市场潜力巨大，对其进行估计非常复杂。从 MEC 的角度来看，实际的市场潜力取决于 MEC 主机的部署规模，例如：MEC 主机是部署在同一个小区，还是一个生产工厂（然后与一个基站集群相关联）。这个选择将取决于基础设施所有者（例如：如果是独立的 NPN 部署，则主要是 5G 移动运营商或者 OT 参与者；如果是网络共享，则两者都有）。

- **VR/AR/ 多媒体**：该行业的市场预测非常复杂，从较乐观的预测（Statista.com 网站预测到 2022 年，AR/VR 的产值将达到 2090 亿美元），到较保守的预测（GoldmanSachs Research 预测，到 2025 年，AR/VR 的产值将达到 800 亿美元）。这种差异是可以理解的，因为它的增长依赖诸如 5G 等互补技术的增长（也取决于适当设备的实际市场渗透，如 AR 眼镜）。

  - 从 MEC 的角度来看，实际市场潜力取决于 5G 网络中 MEC 主机的部署规模，例如：MEC 主机是与蜂窝无线基站部署在同一位置，还是再次与基站集群相关联。这一选择将取决于基础设施所有者（主要是 5G 移动运营商）。除此之外，未来可能会有其他参与者加入，例如云提供商，它们现在提供云服务，而不需要 MEC。当然，如果这些参与者决定在网络边缘扩展其足迹，那么对 TAM 的估计也必须考虑这一方面（例如云提供商拥有的额外 MEC 服务器）。

- 电子健康（eHealth）：参考文献 [85] 认为，到 2023 年，电子健康市场的收入将增长至 1323.5 亿美元（2018 年为 476.0 亿美元），预测期内复合年增长率为 22.7%。

  - 同样，在这种情况下，电子健康服务期望通过 5G 系统提供。因此，从 MEC 的角度来看，实际的市场潜力取决于 MEC 主机在 5G 网络中的部署规模，例如：MEC 主机是将与蜂窝无线基站部署在一起，还是再次与基站集群相关联。如前所述（请参考图 8.2），此部署选择可能与其他垂直 / 用例不同，并且在任何情况下，都将取决于基础设施所有者（主要是 5G 移动运营商）。同样，应该考虑额外的收入来源，例如互联医院会拥有一些专用的云基础设施。

- 物联网 / 雾 / 智慧城市：IoT Analytics 预测，到 2025 年，全球 IoT 市场（即最终用户在 IoT 解决方案上的支出）将达到 15 670 亿美元。

  - 在这里，市场更加分散（和复杂），因为它可能包括来自物联网世界的所有收入流。在估计该行业的 MEC 市场潜力时，我们可以合理地假设，大部分 IP 流量将由 5G 移动网络和 Wi-Fi 室内 / 室外热点捕获，实际的市场潜力（从 MEC 的角度来看）不仅取决于运营商对 5G 的选择（以及相关的 MEC 主机部署规模），还取决于企业和零售场景，包括机场、购物中心等，其中 MEC 主机可能会部署为与 Wi-Fi 接入点共址。这一选择将取决于基础设施所有者（主要是企业或建筑所有者，或者 Wi-Fi 运营商）。

根据这些估计，可以看出 MEC 是所有所述行业的关键支持技术。然而，要确定 MEC 的确切潜力并不容易，因为实际部署将主要取决于：1）基于运营商的选择，MEC 主机在 5G 网络中的部署规模；2）与行业垂直领域的相关协约；3）终端和设备的演变。具体而言，第二项将在下一节中描述。

成本方面

MEC 部署模式和相关成本将在第 9 章中详细描述。在本节中，我们将从行业垂直领域的角度具体介绍一些方面。特别是，与 MEC 部署相关的成本取决

于实际的商业模式（例如：或多或少与 5G 运营商合作）。因此，不容易预测
MEC 将采用哪种模式。然而，由于整个基础设施不太可能由垂直行业拥有（因
为这是一个非常极端的情况，可能只考虑特定的用例），最合理的假设是考虑
通常 MNO 可以提出的不同级别的云计算产品：基础设施即服务（IaaS）、平台
即服务（PaaS）和软件即服务（SaaS）。特别是，当涉及边缘计算时，垂直行业
可能会对运营商提供的前两种模式感兴趣。事实上，在第一种情况下（IaaS），
运营商将提供一个云环境，在这个环境中，垂直行业可以安装任何类型的边
缘平台（例如：与供应商和系统集成商协作）。相反，通过 PaaS 模式，运营商
已经提供了一个 MEC 环境，在这种环境中，垂直运营商可以直接部署应用程
序（同样可能与供应商和系统集成商合作）。第三种模式（SaaS）基本上是在
极端情况下采用的，即垂直行业直接使用运营商提供的完整软件解决方案（包
括 MEC 平台和 MEC 应用程序）。因此，我们对这两种模式（PaaS 和 IaaS）的
主要成本结构进行了更详细的分析，并认为它们是最可能的成本结构，如下
所示：

- PaaS——在这种模式下，5G 网络基础设施和 MEC 服务器（包括 MEC
  平台）都由 MNO 托管，并提供给垂直行业。在这种情况下，垂直行业
  可能会忽略总体成本中的资本支出（CAPEX）部分，而只维持运营成
  本（OPEX），运营成本通常包括从设计到软件实例的运营和维护等（例如
  MEC 应用程序以及相关的管理和编排）。
- IaaS——在这种模式下，5G 网络基础设施和 MEC 服务器（不包括 MEC
  平台）都由 MNO 托管，并向垂直行业提供。在这种情况下，垂直行业可
  能不仅需要安装和运营 MEC 应用程序，还需要在 MEC 系统的目标 MEC
  主机中安装和运营 MEC 平台。这也意味着需要管理和编排整个 MEC 系
  统。在这里，可能有许多子类。其中之一是：由于这种 IaaS 模式需要更
  复杂的成本管理，垂直行业可能会决定利用与供应商和系统集成商的合
  作，让这些供应商和系统集成商承担 MEC 系统层的责任，而垂直行业可
  能只会将精力集中在应用层。

8.4 案例研究：汽车行业

一个完整而详细的汽车行业案例研究非常复杂，并且受到许多假设的影响，因为该行业由许多参与者组成，具有不同的战略和区域特点（例如众多 5GAA 成员）。尽管如此，从汽车的角度对与 MEC 部署相关的主要方面进行示范性分析，可以作为一个起点，从而更好地理解 MEC 在这一领域的潜力。下面，我们从 V2X 技术的简要描述开始，讨论 5G 的一般方面以及 MEC 带来的好处。

8.4.1 V2X 技术前景

当我们谈论 V2X 时，注意力立即集中在最近关于支持 V2X 通信所采用的接入技术的辩论上。特别地，汽车之间的短距离直接通信（也称为侧链通信）可以通过该领域现有的两个竞争标准来实现：基于 IEEE 802.11p 标准的 WAVE/DSRC 和基于 LTE 的 3GPP 标准 LTE C-V2X。后者还可以使用在移动网络运营商许可频谱上运行的传统蜂窝网络，来实现远程通信。标准机构已经独立地指定了这两种技术（DSRC 和 C-V2X），它们依赖于不同的信道接入方案。因此，主要的争论是关于监管和其频段的使用（例如 5.9GHz 频段的无许可频谱），以支持这两种技术的接入。事实上，这里监管的作用是通过定义处理共存的规则、互操作性和向后兼容性问题，保证多种技术可以在 ITS 波段共存。在欧洲，目前 5.9GHz ITS 频段的定位遵循了技术中立的原则，但由于法规仍在最后确定中，争论仍在继续。在美国，类似的讨论正在进行，目标是使 DSRC 和 LTE C-V2X 能够接入 5.9GHz 频段。除了对频谱的中立使用，争论还围绕性能（以及两种竞争技术提供的相关通信范围）和其他性能指标展开，而不是针对道路运营商和移动运营商的成本问题。这场辩论相当复杂，由许多利益相关者（因此不仅是监管机构，还包括汽车制造商、技术提供商等）参加，即使有相当多的行业参与者更倾向于 C-V2X，因为它是一种性能更好、经得起未来考验的技术。再次以 5GAA 庞大的会员为例，这是一个明确的信号，表明大多数汽车行业都以 5G 蜂窝基础设施的使用为导向。无论如何，在这个时候，我们都很难预测这场辩论将如何结束。在任何情况下，可以合理地设想，为了 V2X 服务的全球采用，市场将需要向一个可互操作的解决方案靠拢，支持多 MNO、多 OEM 和多供应商场景。

在这种复杂的情况下，MEC（原则上是一种接入无关技术）的角色是与这些争论完全正交的，并且不受其影响的。实际上，MEC 架构适用于任何类型的访问技术（DSRC 和 C-V2X）。然而，还应注意的是，边缘服务器（预期部署在运营商的基础设施中）需要通过蜂窝网络接口连接到终端设备（汽车）上。因此，对于 MEC 部署来说，C-V2X 通常是一个更好的解决方案，这一点也非常明显。

8.4.2　MEC 对 5G 汽车服务的好处

谈到 5G，很明显电信公司如何看待汽车用例与 C-V2X 的使用严格相关，因为这项技术利用了它们的基础设施，并给了它们新的商业机会。此外，大多数汽车制造商都面向基于蜂窝的连接，并致力于在 3GPP 中影响 5G 标准化，以满足来自汽车服务的迫切需求和性能要求。事实上，这也是 5GAA 这样的协会的目标，其中一个庞大的参与者社区（将电信和汽车行业的两个世界结合起来）[109]正在建立共识，以便在 3GPP 中引入相关的技术要求和合适的解决方案。另一方面，ETSI MEC 代表了边缘计算领域唯一可用的国际标准，正在致力于 MEC 支持的不同垂直领域，同时也在研究 MEC V2X API[110] 作为合适的 V2X 服务的规范，旨在促进 V2X 在多设备商、多网络，以及多接入环境中的互操作性。

图 8.5 显示了这样一个场景的例子。

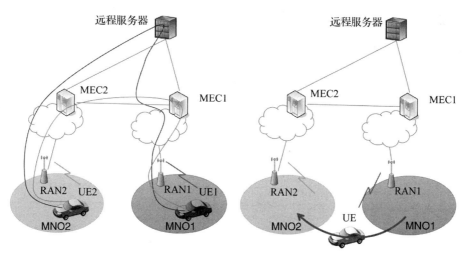

图 8.5　多运营商环境中 V2X 的 MEC 部署示例[111]

- 左侧：以深灰色显示，数据路径考虑的是端接在远端的 MNO 之间的互连，导致较高的端到端（E2E）延迟。相反，在浅灰色中，MNO 之间的直接互连被设想为显著减少 E2E 延迟。这意味着一个标准化的"接口"（例如 MEC V2X API）将支持车辆和边缘云应用程序之间的通信，以及属于不同原始设备制造商（OEM）的车辆之间的通信。
- 右侧：该车辆暂时不在两个运营商的覆盖范围内，需要在包括两个区域在内的所有区域内提供 V2X 服务连续性（即，也从运营商 1 转移到运营商 2），不中断服务，并确保 E2E 连接。MEC 可以作为主机侧链路配置和管理多运营商环境的解决方案，特别是当车辆超出覆盖范围时。因此，当车辆超出覆盖范围时，标准化的"接口"（如 MEC V2X API）将有助于正确管理侧链配置参数。

总之，很明显，MEC 通常是汽车利益相关者的首选技术，不仅在 V2X 服务的端到端性能方面具有优势，而且作为一种解决方案，可以实现生态系统中不同参与者之间的互操作性。

8.4.3　5G 汽车服务的 MEC 用例

在最近的一份白皮书中，5GAA 通过给出一些与 MEC 相关的用例示例[65]，将联网车辆应用的综合列表分为以下几类：

- 安全性（例如交叉路口移动辅助系统（IMA））
- 方便性（软件更新）
- 高级驾驶辅助（例如实时态势感知和高清地图）
- 交通弱势群体（Vulnerable Road User，VRU）

安全性用例的一个例子是 IMA，在通过交叉路口向驾驶员发出碰撞风险警告。在这种情况下，MEC 系统可以支持实时数据分析、数据融合，并相对于远程云降低了入口带宽。

在其他用例（如实时态势感知和高清地图）中，根据从周围实体（例如其他汽车、传感器、路边基础设施、网络等）收集到的信息，可以提醒驾驶员注意危险（结冰）路况。其目的是改善交通流量、交通信号定时、路由、可变限速、天气警报等。从 MEC 的角度来看，这些用例体现了 V2X 最具挑战性的需求：请求 MEC 系统承载收集、处理，以及在网络中以高可靠性和低延迟并行分发相对大量的数据。

　　MEC 还是用于 VRU 检测等用例的理想解决方案，尤其是在利用本地上下文和边缘可用信息方面。特别是，发布的 API（如无线网络信息（RNI）和位置 API）可以帮助提高所有交通参与者的定位信息的准确性。

第三部分

MEC 部署和生态系统

第 9 章

MEC 部署：成本方面

本章包括一个非常详细的多接入边缘计算（MEC）的成本分析，从不同的角度考虑不同的边缘云商业模式。本章还将针对一些感兴趣的案例描述边缘特定的成本结构，并特别关注运营商的观点。最后，我们将讨论 MEC 商业模式的一些方面。

9.1　基础设施演进

正如我们所看到的，对许多利益相关者来说，边缘计算的引入是对当前商业模式的一种改变。尤其是在实际的市场采用方面，MEC 部署的决定取决于基础设施所有者（运营商、垂直行业、云提供商等）。因此，为了更好地理解商业机会，根据所有权和相关的商业模式，分析与不同部署选项相关的成本非常重要。事实上，决策不仅与收入机会密切相关，而且与相关成本的可持续性密切相关。在本章中，我们不打算提供完整的业务计划，而只关注于分析与边缘计算部署相关的成本方面。首先，我们将描述数据中心、通信网络和设备的当前发展趋势。这将有助于更好地理解边缘云部署和成本模式。然后，我们将在示例性的总拥有成本（TCO）分析之后，引入商业模式画布，作为提供与 MEC 市场采用相关的方面的完整概述的合适工具。

9.1.1　数据中心演进

在一个以全球数据流量增长为主导的时代，即使采用了边缘计算技术，数据中心的发展也起着关键作用。事实上，首先需要澄清的是，边缘服务器的引入并不会取代巨大的数据中心，因为这种新的模式与远程部署的大型数据中心中的数据流量集中管理并不对立。相反，MEC 是一种补充技术，有助于将云计算的足迹扩展到网络的边缘，并支持像分布式计算这样的进化概念[88]。

实际上，尽管驻留在数据中心内的流量部分仍占全球 IP 流量的绝大多数（约 75%）[89]，但我们必须考虑到，根据预测，到 2021 年，数据中心之间的流量有望持续增长（甚至快于终端用户的流量或数据中心内的流量）。这将导致以下两个关键方面：

- 一方面，数据中心将持续演进，以满足不断增长的流量需求，并朝着更好的性能和更低的成本迈进⊖；
- 另一方面，在不久的将来，需要一个更加互联的世界，云之间的通信有着更高的效率（实现分布式计算）。

因此，了解数据中心的演进是定义未来边缘云解决方案的关键起点。特别是，数据中心演进的一个最新的综合趋势是由超大规模计算（Hyperscale Computing）展现的，定义如下：

> 在计算中，超大规模是指架构随着系统需求的增加而适当扩展的能力。这通常涉及无缝地为组成大型计算、分布式计算或网格计算环境的给定节点或节点集提供和添加计算、内存、网络和存储资源的能力。为了构建一个健壮的、可扩展的云、大数据、映射化简或分布式存储系统，超大规模计算是必要的，它通常与运行大型分布式站点（如 Facebook、谷歌、微软、亚马逊或 Oracle）所需的基础设施相关联。Ericsson、Advanced Micro Devices 和 Intel 等公司为 IT 服务提供商提供超大规模的基础设施套件⊜。

⊖　为了进一步深化，参考文献 [90] 详细分析了这一相对较新的数据中心战略多年来所带来的改进和成本节约。

⊜　这一运动是相对较新的。但是，读者应该记住，超大规模计算不仅仅是一种美国现象，它是全球性的，在世界范围内都有领先的公司（例如百度、阿里巴巴和腾讯，这些公司在亚洲推动着重大的创新）。

因此，超大规模数据中心（或计算）是指分布式计算环境中所需的设施和配置。从技术角度来看，这一演进是由应用程序性能要求的不断提高、降低成本（运营和资本支出，即 OPEX 和 CAPEX）要求的不断提高，以及不断增加的技术投资所推动的。然而，我们也应该记住，许多公司正在朝着更高效的数据中心演进，并将云作为一个部分或完整的解决方案来实施，以帮助它们快速扩展其基础设施。这是一个庞大而异构的公司集合，范围从企业和服务提供商覆盖到政府（因此，不仅仅是"超大规模"公司）。

更详细地说，数据中心演进中的主要架构变化，影响了网络 / 交换、计算 / 服务器和存储的关键构建块，如下所示：

- 网络速度是一项关键的性能要求。目前综合水平约为 8 Gbps，业界正在努力实现更好的互连速度（从 16 Gbps 到 32 Gbps）。
- 存储技术和协议在不断演进，闪存在推动高密度封装和性能方面越来越普遍。
- 热约束和灵活性 / 可扩展性需求也在推动机架架构的变化。最近引入的整机柜设计（Rack Scale Design，RSD）技术⊖提供了服务器分解和资源的模块化利用，在灵活性和单位容量成本降低方面提供了好处。
- 使用先进的冷却技术（如自由冷却）和提高室温（由新的 HPC 设备实现）在能源消耗方面提供了巨大的节约。
- 硅架构和集成电路：许多云计算公司正在利用不同的硅架构，例如图形处理单元（GPU），以加快单指令多数据（SIMD）处理的计算速度。最近，张量处理单元（Tensor Processing Unit，TPU）也出现了，用于运行特定的任务，例如机器学习（ML）算法的细化。
- 此外，通过现场可编程门阵列（FPGA）进行加速是许多服务器出于安全和性能考虑（尤其是用于高计算性应用，如金融交易、专业语音和数据分析）而采用的技术。FPGA 的优势还在于可编程性，因为构成 FPGA 的门阵列可以按需编程（在它们制造、交付和部署之后），运行特定的算法，以满足非常特定的工作负载需求。

此列表中提到的最后两个方面与边缘计算特别相关，因为边缘任务处理的计算能力在边缘变得更加关键。事实上，如果我们假设在终端用户附近部署

⊖　www.intel.com/content/www/us/en/architecture-and-technology/rackscale-design-overview.html。

MEC 服务器（这样，可具有非常低的端到端数据包传输延迟），则处理延迟的比例影响会增加，尤其是对于延迟关键型应用（例如机器人、工业、VR/AR 以及来自大量物联网（IoT）设备的大量数据处理和细化）。因此，特别是对于这些用例，包处理的演进对于支持边缘计算的引入是非常重要的。

ML 算法和人工智能（AI）给出了一个高要求任务驱动处理单元演进的例子。为此，值得一提的是，谷歌最近宣布推出 Edge TPU（一种小型 ASIC 芯片，设计用于在边缘设备上运行 TensorFlow Lite ML 模型）和 Cloud IoT Edge（将谷歌的云服务扩展到物联网网关和边缘设备的软件栈）。此外，这些任务也可以通过 FPGA 来加速，在功耗方面提供高效率，这是采用边缘计算（从而在小型云服务器中运行）的一个重要促成因素。

9.1.2　通信网络演进

将视角从 IT 云提供商转移到移动运营商，重要的是描述通信网络基础设施是如何演进的，以便更好地理解边缘计算的部署环境。

特别是，我们可以确定这条演进路径的主要步骤 [91]，如图 9.1 所示。

图 9.1　移动网络向 C-RAN 演进的路径

- 传统上，移动网络是从所谓的**紧凑型架构**开始，由同一模块中的基带（BB）单元和无线单元组成；
- 随后是**分离型架构**（BB 单元和无线电单元在不同的模块中）的采用，这可以看作是迈向 Cloud-RAN（C-RAN）架构的第一个集中步骤；
- 最近，许多移动运营商开始采用 **C-RAN 架构**，跨 RRU 共享（池化）BB 资源。

这一基础设施演进的主要驱动因素是成本节约，其中能源消耗和运营成本是重要的成本项目，引起了移动运营商越来越多的重视（尤其是考虑整个电信网络）。更详细地说：

- 文献研究已经提供了方法[100]来评估移动站点中（主要考虑无线基站和传输部分）不同的消费驱动因素。然而，正如我们所知，在实际情况下，运营商的成本也会受到移动站点内基础设施的影响，因此，由于采用了更环保的集中式基础设施（参见参考文献[101]），作为一种新的节能架构范例，C-RAN 的采用对 5G 网络的引入产生了很大的影响。
- 最近的一些研究[103]不仅考虑了 RAN 部分，还考虑了移动站点中的基础设施设备（空调、电源等），从而评估了总体消耗，表明相对于典型的平面架构[102, 104]，在 C-RAN 环境中集中基带（BB）处理可能会显著节省成本。

朝着 C-RAN 架构迈出了这些初始步骤之后，在 5G 框架下，运营商的当前趋势是向虚拟 RAN（V-RAN）迁移。在这个阶段，虚拟化（在通用硬件上）使得从特定操作系统中抽象出来成为可能。这通常是由"hypervisor"完成的，有些功能是作为虚拟机（VM）运行的，虚拟化方法最好遵循通用 ETSI 网络功能虚拟化（NFV）框架。图 9.2 显示了一个 V-RAN 实现的示例，其中多个 VM 表示单个无线接入技术（RAT），例如 2G 和 3G，或者通过单个 RAT 的协议栈的子系统（例如 PHY、MAC、RLC）表示。

谈到虚拟 RAN 对运营商的优势，我们可以说，V-RAN 除了具有 C-RAN 的所有优点外，还具有以下优点（由于使用了通用硬件）：

- 运营商可以在集中基带池内动态分配处理资源到不同的虚拟化基站和不同的空中接口标准。
- 在成本和管理方面，硬件和软件完全解耦。
- 供应商间更简单的互操作性。
- 降低管理、维护、扩展和升级基站的成本。

V-RAN 的实现仍然存在许多挑战：一般来说，为了满足无线电系统提供的实时需求，可能很难在通用硬件（HW）上实现所有 eNB 协议栈。在这些情况下，一些功能（通常在 PHY 层的下部运行）需要在专用硬件上实现，例如基于 FPGA 的加速卡。在任何情况下，完全 RAN 集中化就意味着要使用光纤（具有高容量，但也是最昂贵的）。因此，如果这种线缆基础设施不可用，运营商通常会评估部分 RAN 集中解决方案。在这些情况下，优选部分 RAN 分离的灵活解决方案，即 RRH 和 BB 元素之间的处理分区是灵活的，并且可以随着时间而改变（例如 FPGA 的可编程性）。

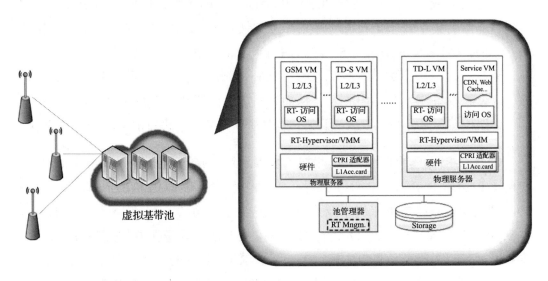

图 9.2 虚拟 RAN 实现示例

9.1.3 设备演进

说到移动设备，每个人的脑海中都很清楚，从最初作为语音终端引入，到当前的智能手机，它们在这几十年的演进中实现了巨大的技术跨越[92-93]。事实上，这一演进涵盖了许多方面，包括计算能力、存储、显示、用户接口以及数据连接（包括蜂窝网络，也与其他无线接入相关，如 Wi-Fi、蓝牙和 NFC）等方面的显著改进。

更具体地说，在计算能力方面，这些智能手机目前都配备了高性能的应用，比如语音助手（如苹果的 Siri、谷歌助手、微软的 Cortana、亚马逊的 Alexa）、语言间的实时翻译，或者具有实时和自动光学处理的高质量照片 / 视频拍摄。

其中一些复杂的任务是通过引入人工智能和机器学习技术实现的，这些技术已经被现代智能手机所使用。

AR/VR 是高要求应用的另一个例子，它与机器学习技术一起被广泛认为是工业数字化的主要支柱[94]。在典型的增强现实应用中，用户通常配备眼睛跟踪智能眼镜[95]和触觉手套，而不是螺丝刀组[96]。

运行所有这些高要求的任务将导致高电池消耗和散热。同时，由于光纤中光速的物理限制，端到端延迟要求（例如几毫秒）不允许在大型中央数据中心运行整个应用程序。基于这些原因，可以方便地在网络边缘部署一些应用程序组件，以便在保持较短延迟的同时减轻设备负载。这是众所周知的工作负载转移用例[97]。

总之，很明显，即使在一个终端不断演进且更加强大的时代，边缘计算仍是一项关键的支持技术。这一方面不应使读者感到惊讶，因为从本质上讲，终端复杂性的演进不能单独涵盖未来几年可见的非常复杂的任务和应用程序的所有挑战性需求和严格要求。

终端演进的另一个重要方向受物联网服务的逐步引入以及大量异构终端、传感器、可穿戴设备和物联网设备的出现的影响。

如今，亚马逊 Echo、谷歌 Chromecast 和苹果电视等设备都是由云端的内容和智能驱动的。这些典型的设备已经进入了客户的家中，而且在未来甚至有望扮演越来越重要的角色，例如充当物联网传感器和各种小型和低端设备的网关。在这里，边缘计算在本地处理来自智能设备的大数据方面将再次发挥重要的作用，同时在向远程数据中心传输更大的数据方面提供更好的速度和更高的带宽。

9.2　边缘云部署选项

在这个基础设施演进场景中，所描述的分布式计算场景为电信运营商提供了许多边缘云部署的自由度。如图 9.3 所示，在云的层级数较低的情况下，提供的 E2E 延迟较低（图片左侧），但代价是有更多站点；相反，少量较大的 DC（右侧）会带来更高的 E2E 延迟。

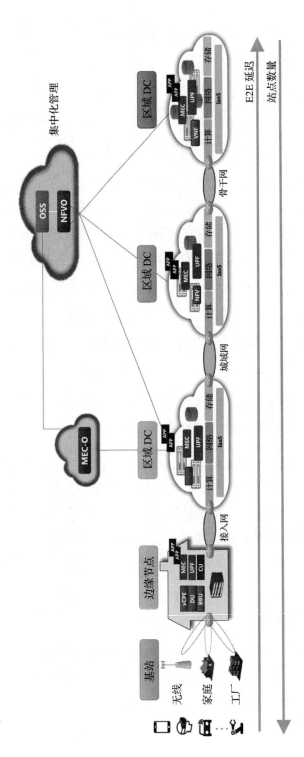

图 9.3 不同的边缘云级别

本书前面已经描述了这种基本的权衡，而在不同部署选项之间的实际选择，基本上取决于基础设施所有者对边缘云商业模式的决定。9.3 节将介绍所有主要模式及其相关的成本结构，这些成本结构对商业便利性有影响，包括整体基础设施的资本支出和运营成本（如图 9.4 所示）。然而，值得注意的是，有时运营商的决策也可能受到其他动机的驱动，例如：通过责任、安全或战略所有权和控制，减轻与其他利益相关者脱媒的风险。

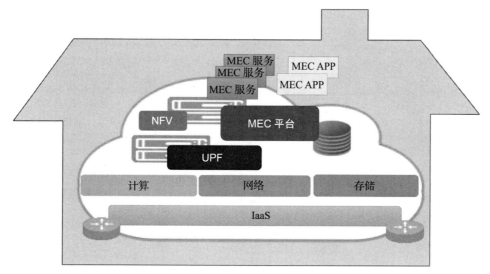

图 9.4　边缘数据中心（一般情况）

9.3　边缘云商业模式

下面将列出并分析一些产品模式（传统上出现在云计算的文献中），并特别介绍边缘云的特性。

9.3.1　不动产模式

最简单的提供模式（这里称为不动产（Real Estate，RE）模式）本质上是租赁所有边缘设施，并将大部分自由给予 MEC 基础设施提供商。这可能包括（也可能不包括）房间冷却、公用设施（例如不间断电源（UPS））和数据中心的外部连接（有线和最终无线，例如通过无线电链路）。

该模式与琐碎的成本结构相关联，除了边缘站点的网络连接应满足可用性、速度和延迟方面的某些要求外，没有与边缘计算有关的特定方面，否则租户将永远不会部署 MEC 基础设施（因为终端客户可能会在 MEC 应用程序性能上遇到问题）（如图 9.5 所示）。

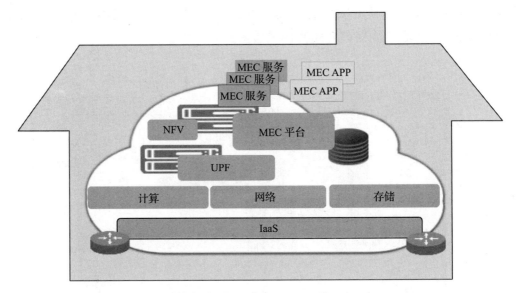

图 9.5   边缘数据中心：RE 模式示例

目前尚不清楚该模式在何种程度上是移动运营商的首选模式，而不是塔台公司（为许多运营商和技术提供商提供基本设施和通用基础设施）的首选。在任何情况下，使用这种简单的模式，最终的 MEC 服务性能的所有责任都由租户承担，如果所有者不愿承担任何风险，这将是一个优势。

9.3.2   基础设施即服务

使用基础设施即服务（Infrastructure-as-a-Service，IaaS）模式，物理和虚拟基础设施都提供给第三方，因此此模式不仅提供房间设施、冷却和数据中心的外部连接，还提供虚拟硬件资源（计算网络和存储），这些资源不仅可以被 MEC 提供商利用，而且可以被任何云提供商利用（如图 9.6 所示）。

我们可以很容易地看到，在这个模式中，除了某些硬件基础设施可能包含运行边缘服务所必需的特定功能或特性（例如 FPGA 加速），没有任何特定的边缘云特性。此外，在基础设施即服务的情况下，与实际 MEC 部署相关的决策取决于基础设施所有者和租户之间的特定交易条件的约束（这可能需要强制执行，例如：为了防止终端客户对 MEC 应用程序性能的潜在问题）。另一方面，使用这种简单的 IaaS 模式，最终 MEC 服务性能的所有责任都由租户承担，如果所有者不愿冒较大风险，这将是一个优势。

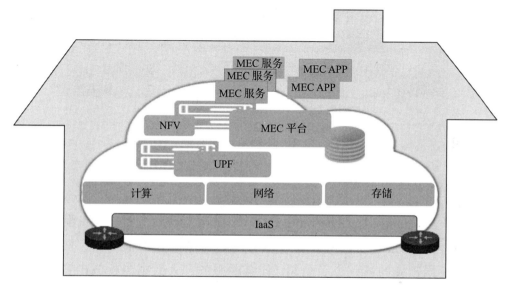

图 9.6 边缘数据中心：IaaS 模式示例

9.3.3 平台即服务

平台即服务（Platform-as-a-Service，PaaS）模式，不仅向第三方提供虚拟资源（计算、网络和存储），还提供了一个 MEC 平台和最终的其他网络功能（以下描述为 VFN）。事实上，取决于所有者（可以是运营商，也可以只是云提供商），网络功能可能存在（或不存在）于边缘数据中心，或者在任何情况下都可能（或不能）向租户公开（如图 9.7 所示）。

此模式还特别适合托管多个租户，因为提供的虚拟基础设施相当完整，并且包含许多功能，可以由不同的利益相关者使用。同时，所有者也承担了更多的责任，所有者必须承担与管理、协调、操作和维护所有提供的基础设施相关的成本。

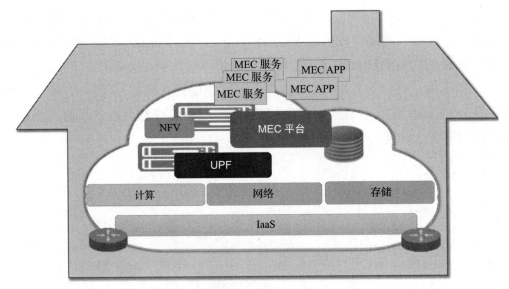

图 9.7   边缘数据中心：PaaS 模式示例

9.3.4   协作平台即服务

协作平台即服务（Collaborative Platform-as-a-Service，C-PaaS）模式是 PaaS 的一个变体，在 PaaS 中，所有者可能有兴趣提供一些增值服务，例如：通过与专业于不同领域的第三方和公司（如金融服务、大数据分析或内容分发网络（CDN）平台和内容提供商，汽车或工业自动化系统集成商等）协作。在这种情况下，与垂直行业和其他行业参与者的协作方式为应用程序开发者提供了一组丰富的功能，例如：在应用程序级别公开的中间件中组织的一组（RESTful）API（如图 9.8 所示）。

这是最开放和协作的模式，与最高水平的成本相关，其中包括（除了以前的商业模式给出的项目）MEC 平台的管理，以确保全面的运营增值 MEC 服务。此外，所有者还负责保证所提供服务的实际履行。另一方面，这种模式也带来了更多的收入机会，其特点是为客户提供最高级别的控制和最丰富的功能组合。最后一点，与软件即服务（Software-as-a-Service，SaaS）类似，这种模式允许第三方构建自己的服务，并接触更高级别的应用程序开发者，为创建更丰富的边缘开发者生态系统铺平了道路。

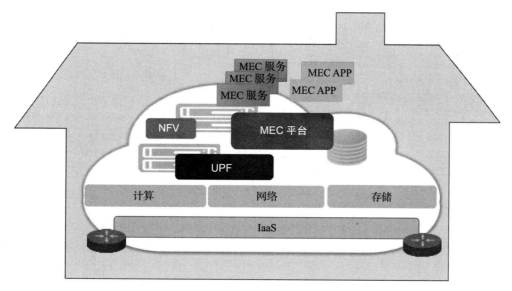

图 9.8　边缘数据中心：C-PaaS 模式示例

9.4　TCO 分析：运营商视角

下面我们将分析与 PaaS 模式相关的成本结构（从运营商的角度）。事实上，在前面描述的边缘云商业模式中，这是 MNO 和 MEC 应用程序开发者之间最直接的协作案例，同时成本结构也相对简单（不包括"不动产"模式的小案例）。要分析 PaaS，我们应该从 IaaS 案例开始，该案例主要考虑与拥有边缘数据中心基础设施相关的成本项目。评估数据中心成本模式并不简单，因为一个完整的分析将包括许多方面。

一般来说，有六个成本类别 [98]：网络，人员数量，服务器，设施，操作系统和管理，以及存储、备份和恢复（如图 9.9 所示）。

最近的研究将这种财务模式从基于项目和组件的模式发展为更全面的单位成本模式 [98]，例如，其中导出了每个服务单位的成本（这里考虑了所有类别的成本，并将其除以该环境的单位数，如每个系统的 EDA-MIPS 性能）。这种方法的优点是有一个更有效的数据中心性能与成本评估的基准，例如：优先考虑数据中心投资。

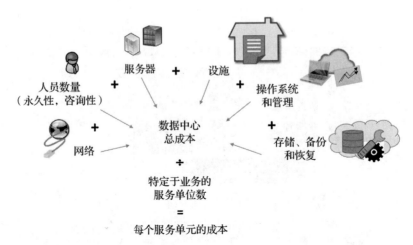

图 9.9 每个服务单位标准化成本的计算示例（来源：英特尔 [98]）

PaaS 模式在 IaaS 的基础上增加了基本上所有与 MEC 平台相关的成本。在这种情况下，可能有几个变体，因为运营商可能会决定在独立的 NFVI 中部署 MEC，或者使用相同的通用硬件（对于 NFV 部署来说，这应该已经存在），并且在同一 NFVI 下提供 MEC 组件。从成本的角度来看，第二种情况似乎是最方便的，读者还应该考虑到，运营商可能会根据具体国家的情况、与特定交易条件有关的管理成本或其他业务原因（例如责任、安全）作出非常不同的决定。因此，准确的成本评估将取决于具体的部署和运营商选择。

表 9.1 提供了相当全面的边缘云产品 PaaS 模式的主要成本项目列表，按类别划分（资本支出（CAPEX）和运营成本（OPEX））。

表 9.1 边缘云成本结构（PaaS 模式）

资本支出（CAPEX）	
成本项目	**注释**
边缘站点设施	参阅 RE 模式
NFVI、VIM	参阅 IaaS 模式
MEC 平台	购买基本 MEC 平台（ETSI GS MEC 011），可选择使用选定的 MEC API（ETSI GS MEC 009）
MEPM、MEC-O、OSS	在网络中集成 MEC 平台和 OSS/BSS

(续)

运营成本（OPEX）	
成本项目	注释
运营人员、顾问费用	包括管理、运营和虚拟设施的维护
销售和营销成本	具体的边缘报价取决于定制功能和目标客户
MEC 服务器许可费	这可以由第三方、领域专家提供
服务器的建筑 / 占地面积	维护和与物理基础设施相关的成本
能源成本	电力（例如冷却）是一个非常相关的成本项目

特别是，与物理和虚拟基础设施相关的成本（资本支出和运营成本）与运营商非常相关，因此，部署新边缘站点的决策必须考虑到实际的便利性和收入机会（参见 9.5 节商务模式画布）。因此，MEC 通常被视为与 NVF 站点共址，并作为更大的基础设施更新计划的一部分，即与整个运营商网络的虚拟化有关，以引入 5G 系统。从这个角度来看，MEC 部署的决策只涉及与 MEC 平台和服务相关的成本要素，MEC 平台和服务在通用虚拟化基础设施（NFVI）和管理与编排（MANO）下作为 VFN 实现。

为了更清楚地了解 MEC 商业计划的实际节省，下一小节将简要描述能源成本，主要与房间制冷有关。

9.4.1　关注能源成本：冷却方面

移动网络中的能耗是运营商运营成本的一个相关部分，特别是由于覆盖整个国家，会有庞大的站点数量[99]。除此之外，中国移动在对移动网站总拥有成本（TCO）的分析[102]中显示，运营成本占总拥有成本（TCO）的 60% 以上（而资本支出仅占总拥有成本（TCO）的 40% 左右），而且电力、场地租金占运营成本的绝大部分（分别占运营成本的 41% 和 32%）。

为了了解站点 TCO 的数量级（对于更一般的数据中心情况），世界级的平均表现通常被认为是较低的，即 0.10USD/kW/h 的总拥有成本（包括所有设施、人员、能源、设备折旧等），而更先进的冷却解决方案（有时也会为边缘计算定制）可能使设备 / 资本支出成本低于 0.02USD/h 的部署成为可能。从这个角度来看，能耗是决定（边缘）云部署的关键因素。

9.4.2　部署成本：NFV 环境中的 MEC

由于与渐进式网络虚拟化（即通过 NFV）相关的步骤是运营商庞大计划的一部分，涉及与整体基础设施更新相关的成本，因此 NFV 框架的采用通常被认为是一个必要的步骤，以便在 5G 时代保持运营效率和竞争力。

另一方面，部署 MEC 的决策也受到其他因素（如新的收入流生成）的推动，将 MEC 引入的路线图调整到更大的 NFV 路径（主要考虑 MEC 与 NFV 站点共址）可能是升级网络的一种方便且经济的方法。因此，表 9.2 总结了在 NFV 环境中引入 MEC 的主要成本项目（与表 9.1 中描述的 MEC 独立部署的一般情况相反）。

表 9.2　边缘云成本结构（PaaS 模式）——NFV 案例中的 MEC

资本支出（CAPEX）	
成本项目	注释
MEC 平台	购买基本 MEC 平台（ETSI GS MEC 011），可选择使用选定的 MEC API（ETSI GS MEC 009）
MEPM、MEC-O、OSS	在网络中集成 MEC 平台和 OSS/BSS
运营成本（OPEX）	
成本项目	注释
运营人员、顾问费用	包括管理、运营和虚拟设施的维护
销售和营销成本	具体的边缘报价取决于定制功能和目标客户
MEC 服务器许可费	这可以由第三方、领域专家提供

如我们所见，由于 MEC 组件基本上是在 NFVI 和 MANO 下作为 VFN 实现的，因此成本结构要比这些组件（即 MEC 平台和 MEC 服务 API）的获取、集成和管理简单得多。

最后，作为一个侧面（但很重要）的评论，由于 MEC 的部署可以通过与 NFV 的共址来缓解，因此对于运营商来说，部署 MEC 组件的决策可能更少地受到成本因素的限制，而更多地受到实际业务和服务需求的驱动。顺便说一下，创建新服务也是创建 MEC 的自然原因。

9.5　商业模式方面：运营商视角

正如我们在本书前面所展示的，边缘计算预计将为运营商解锁总 5G 收入潜力的 25%。另一方面，我们已经澄清，MEC 生态系统将比简单的移动业务更加清晰，因为运营商将不是唯一可能从 MEC 获取价值的利益相关者（因此，其他参与者，如垂直行业、OTT 参与者和开发者，很可能会加入其中）。因此，要评估总目标市场（TAM）并不容易，业内到目前为止只进行了初步评估。例如：分析师 [87] 对美国和西欧的 MEC 设备进行了一些初步预测，揭示了最大数量的 MEC 设备（在不久的将来）预计将出现在零售业，其次是医疗保健、制造业、运输和仓储业等其他行业。这应该不会让读者感到惊讶，因为研究只是简单地计算与零售商设施直接相关的潜在 MEC 地点的数量（例如：一个全国性零售商可能有 2000 个地点，每个地点都有一个小型 MEC 设备），而一个单一的制造厂（可能雇用与 2000 个零售点相同数量的员工）可以通过一个单一的大型 MEC 设备来支持。

示范商业模式画布

正如我们所看到的，根据商业模式，MEC 的成本结构可能会有很大的不同。此外，MEC 的收入潜力一般不受 MEC 设备的限制，还可能包括 5G 时代边缘云应用程序开发者和第三方内容提供商提供的增值服务。基于这些原因，进行一个严肃而诚信的商业研究并不是一件简单的事。为了准确起见，商业机会的具体评估留给读者。我们在这里提供的是一个商业模式画布，作为一个简单（但有效）的工具，通常用于评估与新业务相关的所有方面。

图 9.10 显示了一个商业模式画布的模板，它只是关于一个组织如何赚钱（或打算如何赚钱）的表示。该模式分为九个组成部分（从价值主张到客户细分、销售渠道、客户关系、关键资源、关键活动、关键合作伙伴、收入流和成本结构）。

最后，当涉及 MEC 业务时，应该自定义，要考虑到特定的部署选项、目标利益相关者，以及（最重要的）MEC 支持的特定服务。事实上，正如我们在本书中从多个角度所看到的，最终是影响 MEC 性能的服务，通过对网络和边缘云基础设施施加端到端的需求，并决定部署选项，从而影响成本结构和在系统中引入 MEC 的机会。

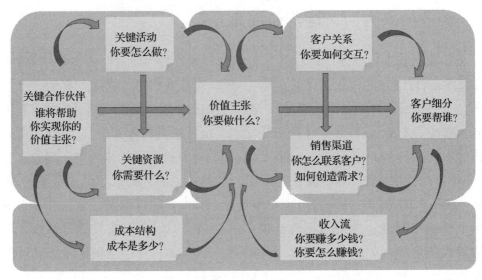

图 9.10   商业模式画布模板（来源：维基百科）

第 10 章

MEC 生态系统

在本章中，我们将全面概述边缘利益相关者的巨大生态系统，并根据它们对 MEC 技术的实际使用情况对它们进行分类。

本章最后将描述生态系统参与的 ETSI ISG MEC 活动，包括概念证明（PoC）、试验和编程马拉松，以及对开源项目和研究社区的简要描述。

10.1 MEC：利益相关者的异构生态系统

在本书的第二部分（第 5～8 章），我们从不同的角度分析了 MEC 市场。更广泛地说，MEC 生态系统是由一组更大的利益相关者和异构类型的参与者组成的，它们在 MEC 技术的采用中扮演着重要角色。图 10.1 描述了构成巨大的 MEC 生态系统的主要部分。

正如我们所看到的，这个生态系统是相当多样化和复杂的，另一方面，根据 MEC 技术的实际使用情况，我们有必要确定一些高级类别。为此，我们可以将 MEC 生态系统中的利益相关者确定为以下主要几类：

- 运营商和服务提供商。
- 传统供应商（提供电信基础设施）。
- IT 基础设施提供商（通用 IT 云）。

- 垂直行业和系统集成商（包括中小企业 / 初创企业）。
- 软件开发者（不仅包括 OTT 和大公司，还包括初创企业、软件公司、应用程序开发者、研究社区等）。

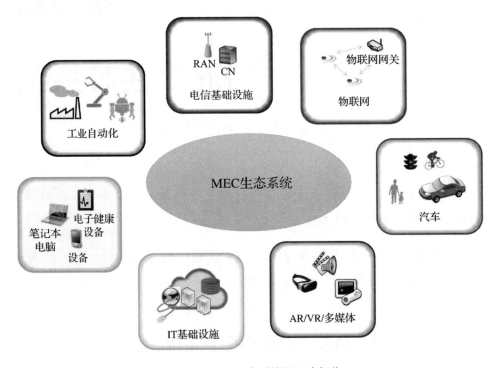

图 10.1   MEC 生态系统的组成部分

当然，这些分类应该被视为利益相关者的一般类别，原则上，对于每一个类别，我们可以包括来自 MEC 生态系统不同部分的个人或公司。尽管如此，这种分类（在本章中使用的）有助于更好地了解特定利益相关者关于 MEC 的具体用途，以及对 MEC 生态系统发展的影响。最后，重要的是市场，市场由不同的参与者组成（不一定都是从商业角度考虑的，比如开源开发者）。

综上所述，MEC 的成功取决于市场领导者和决策者将如何打破众所周知的"鸡和蛋"问题（图 10.2）：

图 10.2   "鸡和蛋"问题

- 通常，运营商和基础设施所有者可能会抱怨缺乏应用程序和开发者生态系统，并以此为动机推迟其 MEC 部署计划和随后的基础设施提供。

- 另一方面，应用程序开发者可能会抱怨缺乏 MEC 基础设施（实例化、测试和运行其应用程序的地方），以此作为不在边缘实现新应用程序和服务的动机。

这种典型的"鸡和蛋"问题已经为大多数公司所熟知，因为市场开始意识到，MEC 的成功需要一种协作的方法。传统上处于竞争中的公司现在正在合作（例如在标准化组织或行业团体中，或在开源项目中），以提供解决方案和手段来促进边缘计算技术的采用。这种协作方法多年来广为人知，但最近才被各公司采用。这种方法也被称为开放式创新，被认为是在诸如 IT 和电信等复杂环境中创建新服务的关键。

10.1.1　运营商和服务提供商

这类利益相关者被认为是第一批能够解决"鸡和蛋"问题的决策者之一，因为它们很可能是第一批（或主要的）对在其网络中引入边缘服务感兴趣的基础设施所有者。当然，它们并不是终端客户（以汽车和工业自动化等垂直行业参与者以及公共行政部门、道路运营商、消费者等为代表）。另一方面，运营商和服务提供商被期望在 MEC 的采用中发挥作用。

此外，移动运营商和服务提供商已经在逐步确定其采用边缘计算的策略，相对于过去几年，它们采用边缘计算的定位和动机[54]正变得越来越明确和详细。

图 10.3 显示了作为 MEC 主要业务驱动力的两个主要分支（从运营商的角度来看）：**创收**和**成本节约**。第一个驱动因素（创收）实际上是 ETSI ISG MEC[55-56]作为一个不同于 ETSI ISG NFV[57]的标准化组织而创建的原始动机，而 ETSI ISG NFV 主要是由第二个驱动因素（成本节约）推动的。

实际上，一方面，成本节约是（现在仍然是）网络基础设施完全虚拟化的主要驱动力。从软件中解耦（通用）硬件可以使移动运营商和基础设施所有者高效地管理和运营基于 NFV 的网络，节省升级和维护的成本，对部署进行更灵活的控制，还可以避免基于孤岛式的实现。

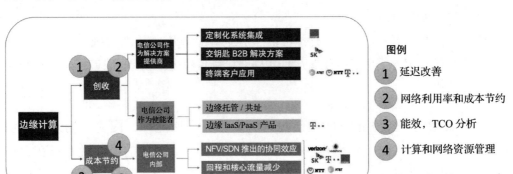

图 10.3　MEC 的 KPI 及其对业务的影响（参考文献 [54] 详述）

另一方面，在创收方面，边缘计算（最好也基于虚拟基础设施）肯定被运营商视为向它们提供额外收益的一种手段，以及由此产生的实现新的和额外价值服务（例如：得益于低延迟，本地和网络边缘的实时无线访问网络和情境信息）的可能性。这些服务可以由电信公司作为解决方案提供商或作为第三方的中间人，通过合适的新商业模式提供，例如基于面向应用程序开发者和 OTT 利益相关者的平台即服务（PaaS）产品。

总之，我们可以肯定地说，不同的 MEC 驱动因素（源自其采用的各种商业动机）的情况目前相当多样化。具体来说，以下方面可以作为基础设施所有者、移动运营商和服务提供商的主要 KPI 加以强调：

- **延迟改善**，得益于邻近性，终端用户具有更好的端到端（E2E）体验质量（QoE）；
- **网络利用率和成本节约**，例如，因为边缘服务器可以方便地路由本地使用流量，回程和传输网络的使用效率更高；
- **能效和 TCO 分析**，这得益于边缘服务器占用的空间较小，因此在站点成本管理方面获得了更好的改进（尤其是在可以避免室内制冷或可以预见室外部署的情况下）；
- **计算和网络资源管理**，因为 MEC 软件实例基本上部署方便，并运行在虚拟化基础设施之上，可能还托管其他 VNF 和处理任务。

因此，很明显，MEC 的 KPI 相当多样化，当然，它们不仅包括延迟（即使这是博客、新闻和大众传播社区最普遍认可的 KPI）。

运营商对 MEC 的使用受这些 KPI 的影响。事实上，它们倾向于从技术知识开始，主要了解如何在 NFV 环境中部署 MEC。然后，它们通常在 POC 或试验中评估不同的解决方案，以便在实验室或现场更好地看到 MEC 的实际好处。

与此同时，一些运营商也在扮演更加"主动"的角色，评估 MEC 应用程序编程接口（API）和中间件服务的开发，以提高其网络质量，或向第三方和应用程序提供商提供服务。

在所有这些情况下，运营商已经清楚地认识到标准化解决方案（例如通过 RESTful API）的重要性，这将使 MEC 解决方案能够跨不同平台进行移植，并帮助应用程序开发者甚至在不同的 MEC 系统之间进行互操作。

在其他一些情况下，诸如 DT 这样的运营商甚至在创建分拆公司（例如 MobiledgeX），其明确目的是开发边缘计算解决方案，作为自主经营的目标。这些公司还参与生态系统激励活动（如 MEC Hackathons）将其作为吸引开发者社区并鼓励它们采用 MEC 的合适工具。

10.1.2　电信基础设施提供商

通常，基础设施提供商的生态系统来自一种传统情况，即向运营商提供完整的端到端解决方案，并在专用硬件中完全实现。最近，网络功能的逐渐虚拟化迫使它们改变工作方式，提供网络功能，如能够在通用硬件上运行的 VFN。随着 ETSI ISG MEC 的出现（2014 年），一些技术提供商开始抛弃这种传统思维方式。如今，由于边缘计算已经是更大的 5G 架构的一部分，我们可以说，许多网络基础设施供应商正在考虑将服务公开作为一种工具，不仅为其传统客户（运营商）提供新服务，而且还为第三方甚至应用程序开发者提供新服务。

在所有这些情况下，大多数公司还参与了开源项目，例如管理和编排框架的开发，目的是促进运营商负责的集成工作，或再次在其他社区推广其 MEC

API 和功能。

此外，在这类利益相关者中，一些基础设施提供商有时会考虑为应用程序开发者的参与创建单独的公司。

10.1.3　IT 基础设施提供商

通常，IT 提供商来自大型（和远程）数据中心的整合云业务，它们已经意识到云的未来就在边缘。这些公司的例子有 Intel、HPE、IBM、Juniper Networks、Fujitsu 等。

对于这些 IT 公司来说，将它们的足迹扩展到边缘云无疑是一个新的商机，因为 MEC 的部署可能会销售更多的服务器。然而，其中一个障碍是缺乏可能触发这个市场的应用程序和软件参考框架或合适的软件开发工具包（SDK）。因此，其中一些公司参与了开源社区和项目，旨在开发创建边缘云基础设施所需的软件。10.4 节和 10.5 节给出了这些社区的例子。

10.1.4　垂直行业和系统集成商

这类利益相关者包括特定垂直行业领域的公司，运营商将其视为 5G 的主要驱动力之一。因此，我们可以说，垂直行业实际上是运营商的 B2B 客户，是确定与 MEC 相关的关键用例的主要参考。

在这一类别中，我们还加入了系统集成商和一级供应商，因为这些参与者与垂直行业密切合作，以实际实现将要实施到产品中的技术解决方案。作为汽车行业的一个例子，通常汽车制造商（如 Ford、BMW、Daimler、Audi）与系统集成商和一级供应商（如 Denso、Bosch、Continental）合作。因此，在实际使用 MEC 技术开发边缘服务时，考虑这两类公司是合理的。顺便说一句，大多数时候，让它们参与实验活动或 PoC/ 试验是这些举措成功的关键。

这一行业（再以汽车行业为例）在改变生产系统或采用新 IT 技术的意愿方面，历史上也表现出一种静态的态度。然而，随着自动驾驶汽车和联网汽车的出现，这些公司开始改变思维模式，更加坚决地参与协作和行业团体（如 5GAA、AECC）。作为证明，一些公司明确放弃了汽车所有权的概念，开始与其他汽车制造商协作，提供更先进的演进服务。与汽车共享相关的一个典型例子是 BMW（最初提供 DriveNow）和 Daimler（拥有 Car2go）开始合作在德国提供联合服务（称为 Share Now⊖）。

在其他情况下，一级供应商与汽车制造商、运营商和电信基础设施提供商一起组成小型联盟，以推动使用边缘计算的创新解决方案。最近的一次 MEC 试验就是这样，Continental、德国电信、Fraunhofer ESK、MHP 和诺基亚在 A9 数字测试跑道上成功地完成了联网驾驶技术的一些测试。这项活动基于 Car2MEC 项目（由 Bavarian Ministry for Economic Affairs 资助，于 2016 年启动），展示了在 LTE 网络中结合基于 MEC 的边缘云，时间关键信息可以在 30 毫秒内从一辆车传送到另一辆车，从而证明了 MEC 对于全自动驾驶道路上的驾驶安全至关重要。

10.1.5　软件开发者

从 MEC 的实际定义来看，很明显软件开发者是这项技术及其在市场上成功的关键利益相关者：

> 多接入边缘计算为应用程序开发者和内容提供商提供云计算功能和网络边缘的 IT 服务环境。

此外，通过回顾前面描述的"鸡和蛋"的问题，我们甚至可以认为软件开发者是 MEC 技术的关键"客户"。事实上，MEC 的成功和采用很大程度上是由应用程序开发者生态系统的实际创建而来的。我们可以想象，只有在 MEC 服务器的一致部署得到大量应用程序的支持、运行在网络边缘并提供创新和增值服务的情况下，MEC 才会得到广泛采用。

开发者参与的第一个障碍是缺乏一个开发工具包，或者一个可以帮助他们开发应用程序并指导他们使用 MEC 技术的软件参考平台。物联网（IoT）是为开发者提供软件框架的第一个关键例子，谷歌提供了一个工具"Cloud IoT

⊖　www.your-now.com/our-solutions/share-now。

Edge"，用于开发在网络边缘设备上运行的应用程序，从而管理物联网传感器、分析数据和与中心云通信（见图 10.4）。

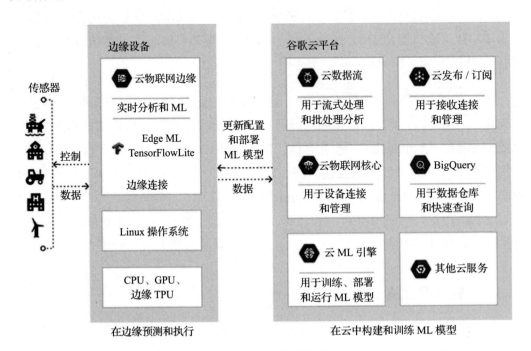

图 10.4　云物联网边缘

其他公司也在将其物联网领域扩展到边缘。事实上，在 2016 年的 re:Invent 开发者大会⊖上，亚马逊就宣布使用其 AWS Greengrass 和 Lambda（无服务器计算）产品，将 Amazon Web Services（AWS）扩展到间歇性连接的边缘设备⊖上。Lambda@Edge 的引入允许开发者在离用户很近的地方全局运行其代码，这样就可以以高性能和低延迟交付功能齐全的定制内容。

　　"使用 AWS Greengrass，开发者可以直接从 AWS 管理控制台向连接的设备添加 AWS Lambda 功能，并且设备在本地执行代码，这样设备就可以近乎实时地响应事件并采取行动。AWS Greengrass 还包括

⊖　https://aws.amazon.com/lambda/edge/。

⊖　当然，这些设备应该是"智能"边缘设备。事实上，Greengrass 至少需要 1GHz 的计算（ARM 或 x86）、128MB 的 RAM，以及用于操作系统、消息吞吐量和 AWS Lambda 执行的额外资源。根据亚马逊的说法，"GreengrassCore 可以在从树莓派到服务器级设备的各种设备上运行"。

AWS 物联网消息传递和同步功能，因此设备无须连接回云就可以向其他设备发送消息。AWS Greengrass 允许客户灵活地让设备在依赖于云起作用时依赖于云，在自己执行任务起作用时自己执行任务，在互相交谈起作用时互相交谈——所有这些都在一个单一、无缝的环境中。"

另一个为物联网领域的软件开发者提供的环境的例子是 Azure IoT Edge，它允许云工作负载被容器化并在本地的智能设备上运行，范围包括从树莓派到工业网关的各种设备。这是在微软的 BUILD 2017 开发者大会上推出的，并宣布自 2018 年 6 月起正式上市。

如图 10.5 所示，Azure IoT Edge 包括三个组件：IoT Edge 模块、IoT Edge 运行时和 IoT Hub。

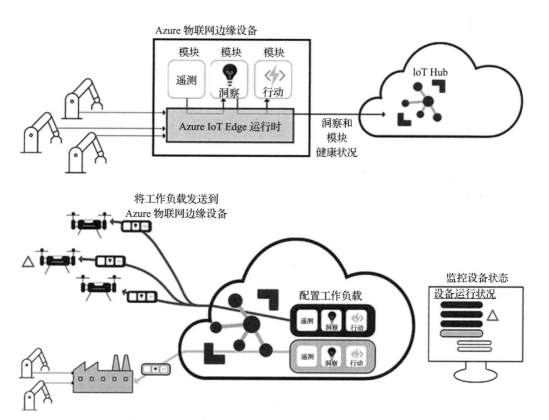

图 10.5　Azure 物联网边缘（Azure IoT Edge）（来源：微软）

IoT Edge 模块是运行 Azure 服务、第三方服务或自定义代码的容器，这些模块部署到 IoT 边缘设备上并在本地执行。IoT Edge 运行时运行在每个 IoT Edge 设备上，管理部署的模块，而 IoT Hub 是一个基于云的接口，用于远程监控和管理 IoT Edge 设备。

10.2　ETSI ISG MEC 中的生态系统参与

一般来说，标准化解决方案的存在对应用程序生态系统开发者的参与起着重要作用。当然，传统上，标准并不是吸引软件开发者的最佳之处，这主要是因为在过去的几年中，他们更多地参与到开源社区中，而标准机构在这些环境之外引入了功能，并且工作的速度和灵活性存在差异，所以通常不足以满足软件开发者的需求。

尽管如此，ETSI ISG MEC 是这一描述场景中的一个良性例外，因为参与该组织的公司组成的巨大生态系统（图 10.6）认识到需要将 MEC 上的传统标准活动与生态系统参与活动并排放置。在下一节中，我们将介绍几个典型的 ETSI ISG MEC 活动，这些活动将朝着更好地吸引不同利益相关者的方向发展，并弥合与开发者之间的差距。

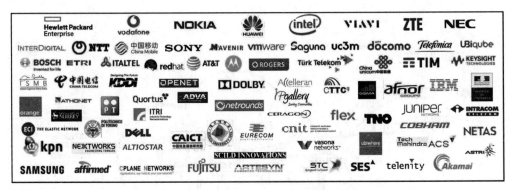

图 10.6　ETSI ISG MEC 成员和参与者的生态系统

10.2.1　MEC 概念证明

ISG 中达成的第一个倡议是创建 MEC PoC 框架[105]，在该框架中，工作组定义了在 ETSI ISG MEC 中提交、批准和管理 PoC 的方法论[一]。事实上，概念证明是证明新技术可行性和向标准化工作提供反馈的重要工具。

MEC PoC（也在 MEC wiki 页面中列出：https://mecwiki.etsi.org）作为多方项目，展示少数选定的 MEC 组件的早期实施，其结果反馈给 ISG，以便对规范性工作提供适当的反馈。然而，这些并不打算作为符合 MEC 的实现：事实上，ETSI、ISG MEC 及其成员均未对声称已证明或符合 MEC 的任何产品或实现进行任何认可（且 ETSI 未对这些 MEC PoC 的任何部分进行验证或测试）。

10.2.2　MEC 编程马拉松

生态系统参与的第二步由 ISG MEC 完成，并获得 MEC Hackathon Framework（也在 MEC wiki[二]中描述）的批准，以便对 MEC 编程马拉松进行适当的定义、评估、批准和管理。

根据一般定义，编程马拉松是一种设计事件，应用程序开发者（包括图形、UX、接口、协议设计者和项目管理者）相互协作，以便在有限的时间内开发新的服务或应用程序。在 MEC 方面，编程马拉松组织活动的目的是促进 ETSI MEC ISG 标准的了解和采用，具体来说，鼓励所有利益相关者使用 MEC 来开发边缘应用程序，特别是通过使用 MEC 服务 API。

10.2.3　MEC 部署试验

ISG 创建的最后一个框架与 MEC 部署试验（MEC Deployment Trail，MDT）有关[三]。这些是 PoC 的演变，MEC 技术在商业试验 / 部署中得到演示，因此不再是简单的实验室 / 原型实现。

有效的 MDT 列表再次发布在 MEC wiki 中，对于每个已批准的 MDT，团队应通过其 MDT 提案中概述的方式，在公共活动（例如公共展览、ISG MEC

　㊀　https://mecwiki.etsi.org/index.php?title=PoC_Framework。
　㊁　https://mecwiki.etsi.org/index.php?title=MEC_Hackathon_Framework。
　㊂　https://mecwiki.etsi.org/index.php?title=MEC_Deployment_Framework。

会议或其他活动）上展示其 MDT 提案。

10.2.4   MEC 解码工作组

最近，ETSI MEC ISG 宣布成立部署和生态系统开发工作组（WG DECO-DE）[⊖]。该工作组将致力于加速市场采用和实施使用 MEC 标准化 API 公开的 MEC 定义框架和服务的系统。在 DECODE 的活动方面，我们可以介绍以下几点：

- 促进使用开源组件实现和验证 MEC 相关用例或 MEC 系统实体。
- 通过利用云应用程序设计、编排和自动化、安全性和可靠性的进步，确定实施 MEC 系统的最佳实践。
- 通过开发和维护与测试相关的规范，包括指南和 API 一致性规范，实现运营商的采用和互操作性。
- 通过 ETSI Forge 网站公开符合 OpenAPI（又名 Swagger）的 MEC API 描述，并向第三方应用程序开发者开放生态系统，从而提高 MEC 规范的可访问性和采用率。

10.3   行业团体

垂直行业协会是 MEC 生态系统的关键利益相关者。正如我们之前在本书中所看到的，许多行业团体（如 5GAA、AECC、5G-ACIA、VR-IF、VRARA）正在致力于不同的垂直细分市场，并将 MEC 视为各自用例的关键支持技术。

尽管如此，在大多数情况下，这些行业团体迄今尚未广泛使用 MEC 技术，仍处于用例细化和技术解决方案定义的早期阶段。另一方面，读者也应该意识到，市场仍处于 5G 部署的早期阶段，因此不应对行业团体采用 MEC 的相关成熟状态感到惊讶。总体而言，人们期望垂直行业在逐步引入 5G 的同时采用 MEC，因为任何可信的性能评估（从他们的角度进行）都应该最好基于实际实

⊖ www.etsi.org/newsroom/press-releases/1548-2019-02-etsi-multi-accessedge-computing-opens-new-working-group-for-mec-deployment。

现，因此需要与 5G 网络运营商合作。

10.4　开源项目

　　另一个完全不同的故事是由开源社区来主导的，开源社区传统上在软件框架的设计和相关应用生态系统的创建中扮演着关键角色。这种现象对于边缘计算也是如此，只有当一个 MEC 参考实现作为开源发布并为软件开发者提供令人满意的指导方针时，MEC 应用程序才能开始出现。到目前为止，成功的例子很少，在下面的小节中，我们为开发者提供了一个合适的参考。

10.4.1　Akraino Edge Stack

　　这是一个 Linux 基金会项目（由 AT&T 和 Intel 于 2018 年发起），旨在创建一个开源软件栈，支持针对边缘计算系统和应用程序优化的高可用云服务[106]。原则上，Akraino 涵盖了边缘的所有内容，即从解决电信、企业和工业物联网的边缘解决方案的开发，到与第三方边缘提供商和混合云模式互操作性的边缘 API 和框架的开发，再到边缘中间件、SDK、应用程序的开发以及创建应用程序 /VNF 生态系统。由于其性质，Akraino Edge Stack 包含几个集成项目（或蓝图）和功能项目。蓝图是 Akraino 用来定义整个堆栈的声明性配置的概念，即可以支持边缘工作负载和边缘 API 的边缘平台。在实践中，为了处理特定的用例，社区通过指定参考架构中使用的所有组件（例如硬件、软件、管理整个堆栈的工具和交付点，即用于在站点中部署的方法）来开发参考架构。

　　在这些功能项目中，我们可以介绍 MEC API Framework[⊖]，它基本上是在分布式云中启用应用程序的机制的集合，所提供的服务通过允许应用程序在本地或远程提供或使用服务来将应用程序和服务结合在一起。事实上，托管在分布式云（即边缘和中心云）中的应用程序可以使用服务生产者提供的服务。服务使用者可以通过 API 框架发现在该位置可用的服务。类似地，服务生产者可以通

　　⊖　https://wiki.akraino.org/display/AK/MEC+API++Framework。

过相同的 API 框架来宣传它们的产品。除了服务发现，API 框架还允许身份验证和授权，还可以向服务使用者和生产者提供通信传输。

10.4.2 OpenStack Foundation 边缘计算组织

这是 OpenStack Foundation[107]（OSF）创建的一个新组织，旨在推动 Open-Stack 的发展，以支持云边缘计算。基于在波士顿 OpenStack 峰会（2017 年 9 月举行的为期两天的研讨会）上最初表达的社区兴趣，OSF 边缘计算组织已经确定了几个挑战，并开始着手研究全功能边缘计算云基础设施的基本要求，此外，还与其他边缘相关项目进行协作○。

根据已确定的挑战，边缘资源管理系统应提供一套高级机制，这些机制的组装将使系统能够运行和使用依赖广域网互连的地理分布式 IaaS 基础设施。换言之，挑战在于修改（并在需要时扩展）IaaS 核心服务，以处理上述边缘细节——网络断开 / 带宽、有限的计算和存储容量、无人部署等。

更详细地说，在以下几个方面还需要做更多的工作：

- 负责管理机器 / 容器生命周期（配置、调度、部署、暂停 / 恢复和关闭）的虚拟机 / 容器 / 裸机管理器。
- 负责模板文件（也称为虚拟机 / 容器图像）的图像管理器。
- 负责提供与基础设施的连接（虚拟网络和用户的外部访问）的网络管理器。
- 存储管理器，为边缘应用程序提供存储服务。
- 管理工具，提供操作和使用分散基础设施的用户接口。

10.5 研究社区

协作项目和研究社区的作用是开发边缘计算解决方案的关键。特别是，在 Horizon 2020 框架下，有许多欧盟资助的项目正在推动 5G 系统的创新，因为这

○ https://wiki.openstack.org/wiki/Edge_Computing_Group。

些项目是由各种不同的联盟组成的（即不仅包括优秀的大学和研究中心，还包括中小企业和大型行业参与者，如运营商和技术提供商）。这些 5G 研究项目还由 5G 基础设施公私合作伙伴关系（5G PPP）协调，这是欧盟委员会和欧洲 ICT 行业（ICT 制造商、电信运营商、服务提供商、中小企业和研究机构）的联合倡议，旨在提供未来十年无处不在的下一代通信基础设施的解决方案、架构、技术和标准[108]。5G-PPP 项目最近的几个例子有：

- 5G 媒体（5G-Media，www.5gmedia.eu/），专注于 5G 网络媒体应用程序开发、设计和运营的集成可编程服务平台，使用 ETSI MANO 框架；
- 5G 城市（5G City），致力于 ETSI MEC 和 ETSI NFV 架构和接口的集成，旨在为智慧城市和基础设施所有者设计、实施和部署分布式云、边缘和无线电平台，充当 5G 中性主机；
- 5G 精髓（5G Essence）通过基于双层架构的边缘云环境（第一个分布式层用于提供低延迟服务，第二个集中层用于为计算密集型网络应用提供高处理能力），解决边缘云计算和小蜂窝即服务的范式；
- Matilda (www.matilda-5g.eu/)，其中云 / 边缘计算和物联网资源的多站点管理由多站点虚拟化基础设施管理器支持；
- 5G-Coral（http://5g-coral.eu/）利用边缘和雾计算在无线接入网（RAN）中的广泛应用，为接入融合创造独特机会；
- 5G-Transformer（http://5g-transformer.eu），旨在将当今僵化的移动传输网络转变为基于 SDN/NFV 的移动传输和计算平台，同时设想一个能够提供针对垂直行业特定需求的服务的边缘计算平台。

除欧盟合作项目外，还有一些国际试验和测试活动，这些活动通常将 MEC 技术开发为试验活动的关键组成部分。事实上，这些国际参与者通常也参与了一些活动，例如：对于专注于 5G 系统的研究和创新的实验室的创建和开放，在大多数情况下，边缘计算是支持相关用例的关键技术。其中一个例子是 5Tonic（www.5tonic.org/），这是一个设在马德里的实验室，其创建目的也是在国际环境中促进联合项目开发和企业创业，论坛、活动和会议地点讨论。

参 考 文 献

1. E. Dalhman, et al., *4G, LTE-Advanced-Pro and the Road to 5G*, 3rd Ed., Academic Press, Cambridge, MA, 2016.
2. M. Olsson, et al., *EPC and 4G Evolved Packet Networks*, 2nd Ed., Academic Press, Cambridge, MA, 2013.
3. J. Cartmell, et al., Local Selected IP Traffic Offload Reducing Traffic Congestion within the Mobile Core Network, in *Proceedings IEEE CCNC 2013*, Las Vegas, Nevada, USA, 2013.
4. SCF046, "Small Cell Services." Available at: http://scf.io/en/documents/046_Small_cell_services.php.
5. SCF084, "Small Cell Zone Services: RESTfule Bindings." Available at: http://scf.io/en/documents/084_-_Small_Cell_Zone_services_RESTful_Bindings.php.
6. SCF091, "Small Cell Application Programmer's Guide." Available at: http://scf.io/en/documents/091_-_Small_cell_application_programmers_guide.php.
7. SCF014, "Edge Computing Made Simple." Available at: http://scf.io/en/documents/014_-_Edge_Computing_made_simple.php.
8. NIST Special Publication 500-325, "Fog Computing Conceptual Model: Recommendations of the National Institute of Standards and Technology," 03/2018. Available at: https://doi.org/10.6028/NIST.SP.500–325.
9. NGMN, "5G White Paper," 2015. Available at: www.ngmn.org/fileadmin/ngmn/content/downloads/Technical/2015/NGMN_5G_White_Paper_V1_0.pdf.
10. ETSI, "Mobile Edge Computing: A Key Technology Towards 5G," 2015. Available at: www.etsi.org/images/files/ETSIWhitePapers/etsi_wp11_mec_a_key_technology_towards_5g.pdf.
11. ETSI, "MEC Deployments in 4G and Evolution Towards 5G," 2018. Available at: www.etsi.org/images/files/ETSIWhitePapers/etsi_wp24_MEC_deployment_in_4G_5G_FINAL.pdf.
12. ETSI, "Developing Software for Multi-Access Edge Computing," 2017. Available at: www.etsi.org/images/files/ETSIWhitePapers/etsi_wp20_MEC_SoftwareDevelopment_FINAL.pdf.
13. Nassim Nicholas Taleb, *Antifragile*, Random House, New Yok, 2014.
14. M. Sifalakis, et al., An Information Centric Network for Computing the Distribution of Computations, in *Proceedings ACM-ICN 2014*, Paris,

France, 2014.

15. ETSI GS MEC 003, "Mobile Edge Computing (MEC); Framework and Reference Architecture," v. 1.1.1, 03/2016. Available at: www.etsi.org/deliver/etsi_gs/MEC/001_099/003/01.01.01_60/gs_MEC003v010101p.pdf.

16. ETSI GS MEC 011, "Mobile Edge Computing (MEC); Mobile Edge Platform Application Enablement," v. 1.1.1, 07/2017. Available at: www.etsi.org/deliver/etsi_gs/MEC/001_099/011/01.01.01_60/gs_MEC011v010101p.pdf.

17. ETSI GS MEC 009, "Mobile Edge Computing (MEC); General principles for Mobile Edge Service APIs," v. 1.1.1, 07/2017, Available at: www.etsi.org/deliver/etsi_gs/MEC/001_099/009/01.01.01_60/gs_MEC009v010101p.pdf.

18. ETSI GS MEC 012, "Mobile Edge Computing (MEC); Radio Network Information API," v. 1.1.1, 07/2017, Available at: www.etsi.org/deliver/etsi_gs/MEC/001_099/012/01.01.01_60/gs_MEC012v010101p.pdf.

19. ETSI GS MEC 013, "Mobile Edge Computing (MEC); Location API," v. 1.1.1, 07/2017, Available at: www.etsi.org/deliver/etsi_gs/MEC/001_099/013/01.01.01_60/gs_MEC013v010101p.pdf.

20. OMA-TS-REST-NetAPI-ZonalPresence-V1-0-20160308-C, "RESTful Network API for Zonal Presence."

21. OMA-TS-REST-NetAPI-ACR-V1-0-20151201-C, "RESTful Network API for Anonymous Customer Reference Management."

22. SCF084, "Small Cell Zone Services: RESTfule Bindings." Available at: http://scf.io/en/documents/084_-_Small_Cell_Zone_services_RESTful_Bindings.php.

23. SCF 152, "Small Cell Services API." Available at: http://scf.io/en/documents/152_-_Small_cell_services_API.php.

24. ETSI GS MEC 014, "Mobile Edge Computing (MEC); UE Identity API," v. 1.1.1, 02/2018. Available at: www.etsi.org/deliver/etsi_gs/MEC/001_099/014/01.01.01_60/gs_MEC014v010101p.pdf.

25. ETSI, "MEC in an Enterprise Setting: A Solution Outline," 2018. Available at: www.etsi.org/images/files/ETSIWhitePapers/etsi_wp30_MEC_Enterprise_FINAL.pdf.

26. ETSI GS MEC 015, "Mobile Edge Computing (MEC); Bandwidth Management API," v. 1.1.1, 07/2017. Available at: www.etsi.org/deliver/etsi_gs/MEC/001_099/015/01.01.01_60/gs_MEC015v010101p.pdf.

27. OpenStack, "Cloud Edge Computing: Beyond the Data Center." Available at: www.openstack.org/assets/edge/OpenStack-EdgeWhitepaper-v3-online.pdf (accessed Jan. 2019).

28. VmWare Project Dimension, www.vmware.com/products/project-dimension.html (accessed Jan. 2019).

29. ETSI GS MEC 010-1, "Mobile Edge Computing (MEC); Mobile Edge Management; Part 1: System, host and platform management," v. 1.1.1, 10/2017. Available at: www.etsi.org/deliver/etsi_gs/MEC/001_099/01001/01.01.01_60/gs_MEC01001v010101p.pdf.

30. ETSI GS MEC 010-2, "Mobile Edge Computing (MEC); Mobile Edge Management; Part 2: Application Lifecycle, Rules and Requirements

Management," 07/2017. Available at: www.etsi.org/deliver/etsi_gs/MEC/001_099/01002/01.01.01_60/gs_MEC01002v010101p.pdf.

31. ETSI GS MEC 016, "Mobile Edge Computing (MEC); UE Application Interface," v. 1.1.1, 09/2017. Available at: www.etsi.org/deliver/etsi_gs/MEC/001_099/016/01.01.01_60/gs_MEC016v010101p.pdf.

32. ETSI GR MEC 017, "Mobile Edge Computing (MEC); Deployment of Mobile Edge Computing in an NFV Environment," v.1.1.1, 02/2018. Available at: www.etsi.org/deliver/etsi_gr/MEC/001_099/017/01.01.01_60/gr_MEC017v010101p.pdf.

33. ETSI GS MEC-IEG 004, "Mobile-Edge Computing (MEC); Service Scenarios," v. 1.1.1, 11/2015. Available at: www.etsi.org/deliver/etsi_gs/MEC-IEG/001_099/004/01.01.01_60/gs_MEC-IEG004v010101p.pdf.

34. ETSI GS MEC 002, "Multi-access Edge Computing (MEC); Phase 2: Use Cases and Requirements," v. 2.1.1, 10/2018. Available at: www.etsi.org/deliver/etsi_gs/MEC/001_099/002/02.01.01_60/gs_MEC002v020101p.pdf.

35. Hewlett Packard Enterprise, "Edge Video Analytics. HPE Edgeline IoT Systems with IDOL Media Server Enable Exceptional Scene Analysis & Object Recognition Performance." Available at: https://support.hpe.com/hpsc/doc/public/display?docId=emr_na-c05336736&docLocale=en_US.

36. HPE, AWS, Saguna, "A Platform for Mobile Edge Computing." Available at: www.saguna.net/blog/aws-hpe-saguna-white-paper-platform-for-mobile-edge-computing/ (accessed Jan. 2019).

37. 3GPP TR 22.866, "Study on Enhancement of 3GPP Support for 5G V2X Services (Release 16)," v. 16.2.0, 12/2018.

38. ETSI GS MEC 022, "Multi-access Edge Computing (MEC); Study on MEC Support for V2X Use Cases," v. 2.1.1, 09/2018.

39. ETSI, "Cloud RAN and MEC: A Perfect Pairing," 2018. Available at: www.etsi.org/images/files/ETSIWhitePapers/etsi_wp23_MEC_and_CRAN_ed1_FINAL.pdf.

40. ETSI, "MEC Deployments in 4G and Evolution Towards 5G," 2018. Available at: www.etsi.org/images/files/ETSIWhitePapers/etsi_wp24_MEC_deployment_in_4G_5G_FINAL.pdf.

41. ETSI, "MEC in 5G Networks," 2018. Available at: www.etsi.org/images/files/ETSIWhitePapers/etsi_wp28_mec_in_5G_FINAL.pdf.

42. 3GPP TS 23.501 V15.3.0, "3rd Generation Partnership Project; Technical Specification Group Services and System Aspects; System Architecture for the 5G System; Stage 2 (Release 15)".

43. 3GPP TS 29.500 V15.1.0, "3rd Generation Partnership Project; Technical Specification Group Core Networks and Terminals; 5G System; Technical Realization of Service Based Architecture; Stage 3 (Release 15)".

44. STL Partners, HPE, Intel, "Edge Computing, 5 Viable Telco Business Models," 11/2017. Available at: https://h20195.www2.hpe.com/v2/get-pdf.aspx/a00029956enw.pdf (accessed Jan. 2019).

45. "Report ITU-R M.2370-0, IMT Traffic Estimates for the Years 2020 to 2030," 07/2015. Available at: www.itu.int/dms_pub/itu-r/opb/rep/r-rep-m.2370-2015-pdf-e.pdf.

46. "Cisco Visual Networking Index: Global Mobile Data Traffic Forecast

Update, 2016–2021 White Paper," 02/2017. Available at: www.cisco.com/c/en/us/solutions/collateral/service-provider/visual-networking-index-vni/mobile-white-paper-c11-520862.html.

47. "Cisco Global Cloud Index: Forecast and Methodology, 2016–2021 White Paper," 11/2018. Available at: www.cisco.com/c/en/us/solutions/collateral/service-provider/global-cloud-index-gci/white-paper-c11-738085.html.

48. "Ericsson Mobility Report," 11/2018. Available at: www.ericsson.com/assets/local/mobility-report/documents/2018/ericsson-mobility-report-november-2018.pdf.

49. "Brian Krzanich, Talk at InterDrone," Las Vegas, NV, September 6–8 2017. Available at: https://uavcoach.com/intel-ceo-interdrone/.

50. Recommendation ITU-R M.2083, "IMT Vision – Framework and Overall Objectives of the Future Development of IMT for 2020 and Beyond," 09/2015.

51. ITU WP 5D, Draft new Report ITU-R M. [IMT-2020.TECH PERF REQ] – "Minimum Requirements Related to Technical Performance for IMT-2020 Radio Interface(s)," 02/2017.

52. B. Barani, "Network Technologies," European Commission, Panel 5G: From Research to Standardisation, Austin, 8 December 2014. Available at: www.irisa.fr/dionysos/pages_perso/ksentini/R2S/pres/Bernard-EC-Panel-R2S-2014.pdf.

53. GSMA, "5G Spectrum – GSMA Public Policy Position," 11/2018. Available at: www.gsma.com/spectrum/wp-content/uploads/2018/11/5G-Spectrum-Positions.pdf.

54. A. Manzalini, "Multi-access Edge Computing: Decoupling IaaS-PaaS for Enabling New Global Ecosystems," Berlin, 19–20 September 2018. Edge Computing Congress, 2018.

55. ETSI ISG MEC, Available at: www.etsi.org/technologies/multi-access-edge-computing.

56. ETSI White Paper, "Mobile Edge Computing: A Key Technology Towards 5G," 09/2015. Available at: www.etsi.org/images/files/ETSIWhitePapers/etsi_wp11_mec_a_key_technology_towards_5g.pdf.

57. ETSI ISG NFV, Available at: www.etsi.org/technologies/nfv

58. ETSI GS MEC 002 V1.1.1 (2016-03), "Mobile Edge Computing (MEC); Technical Requirements." Available at: www.etsi.org/deliver/etsi_gs/MEC/001_099/002/01.01.01_60/gs_MEC002v010101p.pdf.

59. ETSI GS MEC 003 V1.1.1 (2016-03), "Mobile Edge Computing (MEC); Framework and Reference Architecture." Available at: www.etsi.org/de-liver/etsi_gs/MEC/001_099/003/01.01.01_60/gs_MEC003v010101p.pdf.

60. ETSI MEC 017, "MEC in NFV Deployment." Available at: www.etsi.org/de-liver/etsi_gr/MEC/001_099/017/01.01.01_60/gr_mec017v010101p.pdf.

61. ETSI GS MEC 003 V2.1.1 (2019-01), "Multi-access Edge Computing (MEC); Framework and Reference Architecture." Available at: www.etsi.org/deliver/etsi_gs/MEC/001_099/003/02.01.01_60/gs_mec003v020101p.pdf.

62. 3GPP SA2, "Study on Enhancement of Support for Edge Computing

in 5GC," S2–1902838- Study Item Description, 03/2019. Available at: www.3gpp.org.

63. 3GPP SA5, "Study on Management Aspects of Edge Computing," xx. Available at: www.3gpp.org/ftp/SPecs/archive/28_series/28.803/.

64. 3GPP SA6. "Study on Application Architecture for Enabling Edge Applications," S6–190238- Study Item Description, 01/2019. Available at: www.3gpp.org.

65. 5GAA White Paper, "Toward Fully Connected Vehicles: Edge Computing for Advanced Automotive Communications," 12/2017. Available at: http://5gaa.org/wp-content/uploads/2017/12/5GAA_T-170219-whitepaper-EdgeComputing_5GAA.pdf.

66. ETSI White Paper, "MEC Deployments in 4G and Evolution Towards 5G," 02/2018. Available at: www.etsi.org/images/files/ETSIWhitePapers/etsi_wp24_MEC_deployment_in_4G_5G_FINAL.pdf.

67. ETSI White Paper, "MEC in 5G Networks," 06/2018. Available at: www.etsi.org/images/files/ETSIWhitePapers/etsi_wp28_mec_in_5G_FINAL.pdf.

68. ETSI ISG MEC, DGR/MEC-0031 Work Item, "MEC 5G Integration." Available at: https://portal.etsi.org/webapp/workProgram/Report_Schedule.asp?WKI_ID=56729.

69. NGMN Alliance, "Description of Network Slicing Concept," 01/2016.

70. 3GPP TS 23.501 V15.4.0 (2018-12), "System Architecture for the 5G System." Available at: www.3gpp.org/ftp/specs/archive/23_series/23.501/.

71. 3GPP TS 22.261 V16.6.0 (2018-12), "Service Requirements for the 5G System." Available at: www.3gpp.org/ftp/specs/archive/22_series/22.261/.

72. 3GPP TS 28.531 V16.0.0 (2018-12), "Management and Orchestration; Provisioning." Available at: www.3gpp.org/ftp/Specs/Archive/28_series/28.531/.

73. 3GPP TS 28.532 V15.1.0 (2018-12), "Management and Orchestration; Generic Management Services." Available at: www.3gpp.org/FTP/Specs/archive/28_series/28.532/.

74. DGR/MEC-0024 Work Item, "MEC Support for Network Slicing." Available at: https://portal.etsi.org/webapp/WorkProgram/Report_WorkItem.asp?wki_id=53580.

75. GSMA Network Slicing Task Force, Available at: www.gsma.com/futurenetworks/technology/understanding-5g/network-slicing/.

76. STL Partners, HPE, Intel, "Edge Computing, 5 Viable Telco Business Models," 11/2017. Available at: https://h20195.www2.hpe.com/v2/getpdf.aspx/a00029956enw.pdf (accessed Jan. 2019).

77. "Chetan Sharma consulting, Operator's Dilemma (And Opportunity): The 4th Wave; White Paper," 2012. Available at: www.chetansharma.com/publications/operators-dilemma-and-opportunity-the-4th-wave/.

78. "Digital TV Research, Global OTT Revenue Forecasts," 11/2018. Available at: www.digitaltvresearch.com/ugc/press/245.pdf.

79. GSMA, Network 2020 Programme, "Unlocking Commercial Opportunities – From 4G Evolution to 5G," 02/2016. Available at: www.gsma.com/futurenetworks/wp-content/uploads/2016/02/704_GSMA_unlocking_comm_opp_report_v5.pdf.

80. 5G-ACIA, "5G Non-Public Networks for Industrial Scenarios," White Paper, 03/2019. Available at: www.5g-acia.org/index.php?id=6958.

81. Riot Research, "Connected Car Revenue Forecast 2017–2023," 02/2018. Available at: https://rethinkresearch.biz/wp-content/uploads/2018/02/Connected-Car-Forecast.pdf.

82. Cisco, "Cisco Visual Networking Index: Forecast and Trends, 2017–2022 White Paper." Available at: www.cisco.com/c/en/us/solutions/collateral/service-provider/visual-networking-index-vni/white-paper-c11-741490.html (accessed Feb. 2018).

83. Allied Market Research, "Global Factory Automation Market Overview," 06/2018. Available at: www.alliedmarketresearch.com/factory-automation-market.

84. Zion Market Research, "Global Smart Manufacturing," 05/2018. Available at: www.zionmarketresearch.com/report/smart-manufacturing-market.

85. Markets and Markets, "eHealth Market," 03/2018. Available at: www.marketsandmarkets.com/Market-Reports/ehealth-market-11513143.html?gclid=EAIaIQobChMIsO3k5eG-4QIVj-F3Ch0v5Qf2EAAYASAAEgIDIfD_BwE.

86. IoT Analytics, "State of the IoT 2018: Number of IoT Devices Now at 7B – Market Accelerating," 08/2018. Available at: https://iot-analytics.com/state-of-the-iot-update-q1-q2-2018-number-of-iot-devices-now-7b/.

87. iGR White Paper, "The Business Case for MEC in Retail: A TCO Analysis and Its Implications in the 5G Era," 07/2017. Available at: https://networkbuilders.intel.com/blog/opportunities-for-multi-access-edge-computing-and-5g-in-retail-total-cost-of-ownership-analysis.

88. Ericsson Technology Review, "Distributed Cloud – A Key Enabler of Automotive and Industry 4.0 Use Cases," 11/2018. Available at: www.ericsson.com/en/ericsson-technology-review/archive/2018/distributed-cloud.

89. "Cisco Global Cloud Index: Forecast and Methodology, 2016–2021 White Paper," 11/2018. Available at: www.cisco.com/c/en/us/solutions/collateral/service-provider/global-cloud-index-gci/white-paper-c11-738085.html.

90. Intel White Paper, "Data Center Strategy Leading Intel's Business Transformation," 11/2017. Available at: www.intel.com/content/dam/www/public/us/en/documents/white-papers/data-center-strategy-paper.pdf.

91. D. Sabella, "5G Experimental Activities in Flex5Gware Project – Focus on RAN Virtualization," IEEE 5G Berlin Summit, Fraunhofer-Forum Berlin, 2 November 2016. Available at: www.5gsummit.org/berlin/docs/slides/Dario-Sabella.pdf.

92. D. Thanh, I. Jørstad, "The Mobile Phone: Its Evolution from a Communication Device to a Universal Companion," 2005. Available at: www.researchgate.net/publication/239608908_The_mobile_phone_Its_evolution_from_a_communication_device_to_a_universal_companion.

93. N. Islam, R. Want, "Smartphones: Past, Present, and Future," *IEEE Pervasive Computing*, vol. 13, issue 4, October–December 2014. Available at: https://ieeexplore.ieee.org/document/6926722.

94. P. Rubin, "Wired, Eye Tracking Is Coming to VR Sooner than You Think. What Now?" 23 March 2018. Available at: www.wired.com/

story/eye-tracking-vr/.

95. R. Berger, "Digital Factories: The Renaissance of the U.S. Automotive Industry." Available at: www.rolandberger.com/en/Publications/pub_digital_factories.html.

96. Ericsson, Technology Trends 2018, "Five Technology Trends Augmenting the Connected Society," 2018. Available at: www.ericsson.com/en/ericsson-technology-review/archive/2018/technologytrends-2018.

97. ETSI GS MEC 002 V2.1.1 (2018-10), "Multi-access Edge Computing (MEC); Phase 2: Use Cases and Requirements." Available at: www.etsi.org/deliver/etsi_gs/MEC/001_099/002/02.01.01_60/gs_MEC002v020101p.pdf.

98. Intel White Paper, "Intel IT's Data Center Strategy for Business," 2014. Available at: www.insight.com/content/dam/insight-web/en_US/article-images/whitepapers/partner-whitepapers/intel-it-s-data-center-strategy-for-business-transformation.pdf.

99. EARTH Project Deliverable D2.1, "Economic and Ecological Impact of ICT." Available at: https://bscw.ict-earth.eu/pub/bscw.cgi/d38532/EARTH_WP2_D2.1_v2.pdf

100. G. Auer et al., "Cellular Energy Efficiency Evaluation Framework," Vehicular Technology Conference (VTC Spring), 2011 IEEE 73rd; 15–18 May 2011; Budapest, Hungary, 2011. ISSN: 1550–2252. Available at: http://ieeexplore.ieee.org/xpl/freeabs_all.jsp?arnumber=5956750.

101. D. Sabella et al., "Energy Efficiency Benefits of RAN-as-a-Service Concept for a Cloud-Based 5G Mobile Network Infrastructure," *IEEE Access*, vol. 2, December 2014; ISSN: 2169–3536, doi:10.1109/ACCESS.2014.2381215.

102. China Mobile Research Institute, "C-RAN The Road Towards Green RAN," White Paper, Version 2.5, 10/2011. Available at: https://pdfs.semanticscholar.org/eaa3/ca62c9d5653e4f2318aed9ddb8992a505d3c.pdf.

103. D. Rapone, D. Sabella, M. Fodrini, "Energy Efficiency Solutions for the Mobile Network Evolution Toward 5G: An Operator Perspective," The Fourth IFIP Conference on Sustainable Internet and ICT for Sustainability, SustainIT2015, Madrid, 15 April 2015. Available at: www.networks.imdea.org/sustainit2015/t-program.html.

104. D. Sabella et al., "Energy Management in Mobile Networks Towards 5G," In: M. Z. Shakir, M. A. Imran, K. A. Qaraqe, M.-S. Alouini, A. V. Vasilakos, (eds.), *Energy Management in Wireless Cellular and Ad-hoc Networks*, Volume 50 of the series Studies in Systems, Decision and Control, Springer, Switzerland, 2015, pp. 397–427.

105. ETSI GS MEC-IEG 005 V1.1.1 (2015-08), "Mobile-Edge Computing (MEC); Proof of Concept Framework." Available at: www.etsi.org/deliver/etsi_gs/MEC-IEG/001_099/005/01.01.01_60/gs_MEC-IEG005v010101p.pdf.

106. Akraino Edge Stack website, www.lfedge.org/projects/akraino/.

107. OSF Edge Computing Group website, www.openstack.org/edge-computing/.

108. 5G Infrastructure Public Private Partnership (5G PPP) website, https://5g-ppp.eu/.
109. 5G Automotive Association (5GAA) website, https://5gaa.org/.
110. ETSI ISG MEC, DGS/MEC-0030V2XAPI' Work Item "Mobile-Edge Computing (MEC); MEC V2X API" Available at: https://portal.etsi.org/webapp/WorkProgram/Report_WorkItem.asp?wki_id=54416.
111. L. Baltar, M. Mueck, D. Sabella, "Heterogeneous Vehicular Communications – Multi-Standard Solutions to Enable Interoperability", 2018 IEEE Conference on Standards for Communications and Networking (CSCN), Paris (France), 29-31 Oct. 2018. Available at: https://ieeexplore.ieee.org/document/8581726.